BIBLIOTHÈQUE
DES MERVEILLES

PUBLIÉE SOUS LA DIRECTION

DE M. ÉDOUARD CHARTON

LES MERVEILLES

DU

MONDE SOUTERRAIN

Fig. 5. — Canal souterrain pour le transport du charbon dans la houillère de Worsley, près Manchester (Angleterre).

BIBLIOTHÈQUE DES MERVEILLES

LES MERVEILLES

DU

MONDE SOUTERRAIN

PAR

L. SIMONIN

DEUXIÈME ÉDITION, REVUE ET AUGMENTÉE

OUVRAGE ILLUSTRÉ DE 18 VIGNETTES
PAR A. DE NEUVILLE
ET ACCOMPAGNÉ DE 9 CARTE

PARIS

LIBRAIRIE DE L. HACHETTE ET Cⁱᵉ

BOULÉVARD SAINT-GERMAIN, Nº 77

1869

A LA MÉMOIRE

DE M. A. PERDONNET

PRÉFACE

Je voudrais raconter ici ce qu'offrent de plus intéressant une science et un art que j'ai toujours pratiqués, la science géologique et l'art des mines.

Les exploitations souterraines sont de nature à provoquer l'étonnement chez ceux qui ne les connaissent point, et il faudrait assurément plus d'un volume pour en définir toutes les *merveilles*.

J'ai déjà traité ces questions d'une manière suivie dans d'autres publications [1].

[1] *La Vie souterraine*, l'*Histoire de la terre*, etc.

a

Cette fois, je ne veux agir en quelque sorte qu'en tirailleur.

Prenant un peu au hasard, et cherchant avant tout à rendre les sujets attrayants, accessibles à tous, je dépeins d'abord à grands traits l'*édifice souterrain* où gisent les merveilles que je veux décrire.

A propos de *fossiles*, j'examine une question encore pendante pour quelques-uns, celle de l'*homme antédiluvien*, qui préoccupe tous les géologues, tous les penseurs de notre temps.

J'aborde ensuite l'*exploitation souterraine*, principalement celle des carrières. Parmi celles-ci, je parle surtout des *carrières de marbre de Carrare* et de celles de *pierres de construction de Paris*, toutes les deux si curieuses à tant de titres.

Les *filons métalliques* donnent matière à une étude de géologie appliquée, qui peut être utile aussi bien à l'industriel qu'à l'homme du monde.

Enfin je termine par les *sels et les gaz naturels* la description des trésors minéraux que la nature a réservés comme un appât, comme une excitation à l'activité humaine.

En manière d'épilogue, je jette un coup d'œil sur les *houillères françaises*. Avec le fer, le charbon compose aujourd'hui notre véritable richesse souterraine.

N'y a-t-il pas là de quoi suffire à ce petit livre? Je voudrais qu'il inspirât au lecteur le désir d'en savoir davantage, et de pousser plus avant l'examen de toutes les merveilles dont le monde souterrain est rempli.

L. SIMONIN.

Paris, août 1869.

LES MERVEILLES

DU

MONDE SOUTERRAIN

I

VISITE DE LA MAISON

De la cave au grenier. — Mer ou lac de feu. — Roches ignées. — Terrains cambrien, silurien, devonien, carbonifère. — Terrains permien, triasique, jurassique, crétacé. — Terrains éocène, miocène, pliocène. — Terrains diluvien et alluvien. — Développements successifs de la vie animale et végétale sur le globe. — Les fossiles. — Discussions des anciens savants. — Les médailles de la géologie. — La caverne de Maestricht. — Les génies du monde souterrain. — Le dernier fossile.

Il est de toute nécessité, ami lecteur (laissez-moi vous donner ce vieux nom), que je vous introduise dans le monde dont je vais vous raconter les merveilles.

Entrez sans crainte, la maison est à vous.

Voulez-vous la parcourir avec moi, de la cave au grenier ?

1

Dites oui, ce ne sera pas long.

D'abord sur une mer de feu, ou sur un lac de feu entouré de matières solides, — on ne sait pas au juste lequel des deux, vu que personne n'y est allé, — repose la première écorce continue de la petite boule qui nous porte. Ce sont des granits et autres roches massives, cristallines, que l'on appelle aussi ignées, parce qu'on pense que le feu a joué un grand rôle dans la formation de ces matières (carte I).

J'ai dit « on pense; » j'aurais dû dire « on pensait. » Il y a quelques années, mettez vingt ans, on croyait que les granits étaient produits par le feu, comme les matières que les volcans vomissent aujourd'hui encore de l'intérieur de la terre. Puis d'autres géologues sont venus qui ont pensé le contraire, et qui ont prétendu que l'eau seule, portée il est vrai à une très-haute température, avait joué un rôle dans la formation des roches granitiques. Avant eux, vers la fin du siècle dernier, le géologue allemand Werner prétendait bien que les granits, et les roches de même famille, les porphyres, etc., n'avaient été produits que par les eaux, comme tous les terrains. Ainsi, en ce cas comme en tant d'autres, la vérité est difficile à débrouiller; mais passons : là n'est pas précisément le sujet de nos études. Nous ne sommes pas, du reste, dans le secret des dieux.

Avançons, montons de la cave au premier étage.

Coupe de l'écorce terrestre
Comprise entre les terrains de sédiment
LES PLUS ANCIENS ET LES PLUS RÉCENTS
par L. Simonin

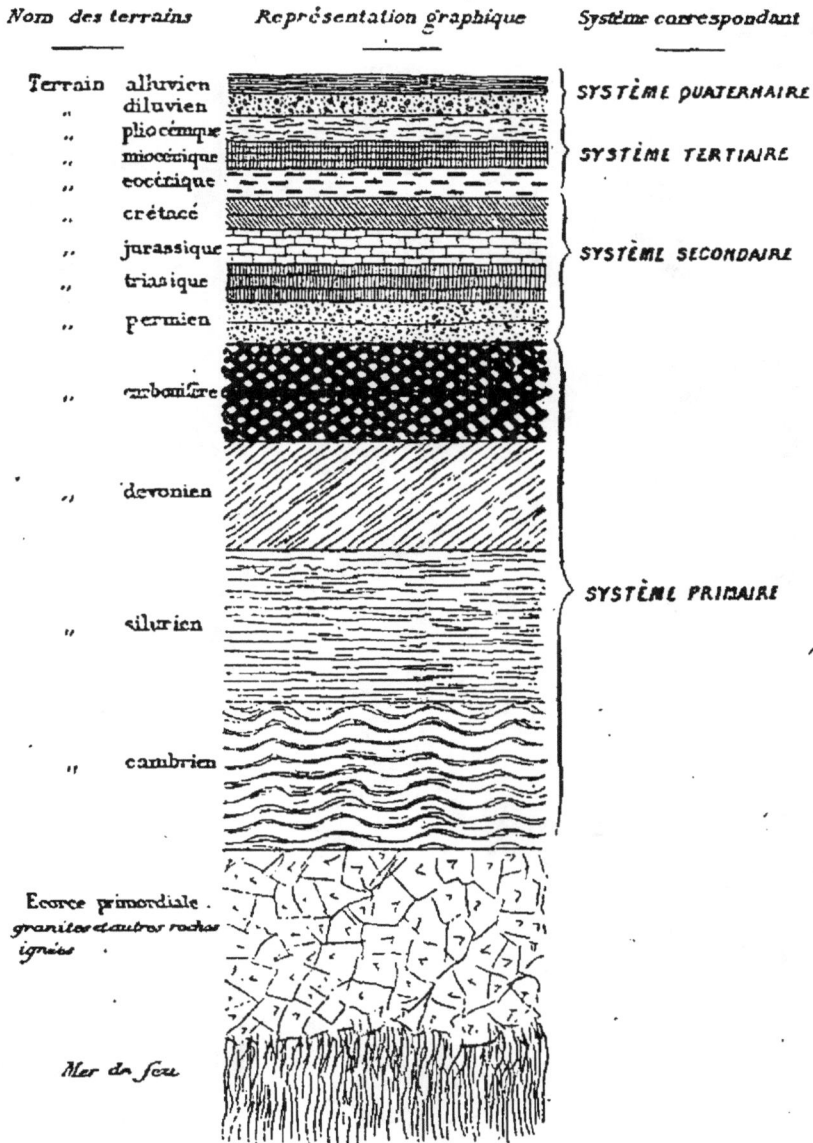

Nom des terrains	Représentation graphique	Système correspondant
Terrain alluvien		SYSTÈME QUATERNAIRE
" diluvien		
" pliocénique		
" miocénique		SYSTÈME TERTIAIRE
" eocénique		
" crétacé		
" jurassique		SYSTÈME SECONDAIRE
" triasique		
" permien		
" carbonifère		
" devonien		
" silurien		SYSTÈME PRIMAIRE
" cambrien		
Écorce primordiale. granites et autres roches ignées		
Mer de feu		

Gravé chez Erhard

Ici commencent les terrains de sédiment proprement dits. D'abord les terrains cambrien, silurien et
devonien, ainsi appelés par M. Murchison, l'un des
pères de la géologie britannique, parce qu'ils sont
particulièrement développés, en Angleterre, dans
l'ancien pays des Cambres et des Silures et dans le
comté de Devon ; puis le terrain carbonifère, celui
où l'on trouve surtout le charbon fossile, la houille,
qu'on a nommée à si bon droit le pain de l'industrie
moderne.

Tout ce système de terrains compose le système
primaire, parce que c'est en quelque sorte le premier étage de la maison que nous visitons.

Montons à présent au second. Nous rencontrons
les terrains permien, triasique, jurassique et crétacé, qui composent le système secondaire. Permien, parce que ce terrain a été surtout étudié dans
la province de Perm, en Russie. Triasique, pourquoi ? Je vous attendais là, je parie que vous ne de-
vinerez pas. Vous donnez votre langue aux chiens.
Eh bien, parce que ce terrain se compose de trois
groupes distincts, et que le mot *trias* veut dire en
grec triade, groupe de trois, d'où les géologues, qui
parlent quelquefois le grec comme les médecins de
Molière parlaient le latin, ont fait l'adjectif triasique. Vous avez compris ; tant mieux.

Jurassique, je n'ai pas besoin de vous le dire,
vient de ce que le type de ce terrain est surtout
développé dans le Jura, et crétacé de ce que

ce nouveau terrain renferme principalement la craie.

Voilà pour le système secondaire.

Au tertiaire maintenant; si vous aimez mieux, au troisième étage de la grande maison terrestre ou plutôt de l'édifice souterrain.

Ce troisième étage est composé de trois terrains : l'éocène, le miocène et le pliocène, ou, comme je l'ai écrit sur la carte I, suivant les termes adoptés par la géologie espagnole et italienne que je croyais les plus conformes aux règles grammaticales, l'éocénique, le miocénique et le pliocénique. Ces adjectifs ont le défaut d'être longs d'une toise. Des linguistes compétents m'ont fait avec raison remarquer que les mots éocène, miocène, pliocène, étant déjà des adjectifs et de la meilleure consonnance, il n'était pas nécessaire de les affubler de la terminaison *ique*, qui sonne si mal aux oreilles.

Maintenant vous allez me demander (car vous êtes curieux, et vous en avez le droit) que signifient ces mots d'éocène, de miocène et de pliocène?

Je vais essayer de vous l'expliquer.

Le géologue M. Lyell, une des gloires de l'Angleterre, avait remarqué que, dès le terrain éocène, une partie des espèces animales qui vivent encore aujourd'hui, à notre *époque récente*, surtout des mollusques, des coquilles comme on les nomme vulgairement, faisait son apparition sur la terre, et qu'en suivant la gradation, il y en avait *moins* dans le terrain intermédiaire que dans le terrain supérieur où il y en avait *plus*. M. Lyell eut donc l'idée d'appeler le terrain tertiaire inférieur *l'aurore de ce qui est récent* ou éocène ; le terrain tertiaire moyen, *celui où il y a moins de ce qui est récent*, miocène ou plutôt méiocène, par rapport au terrain qui va suivre ; et ce dernier, le terrain tertiaire supérieur, *celui où il y a plus de ce qui est récent*, pliocène ou plutôt pléiocène. Franchement M. Lyell n'était pas ce jour-là bien inspiré. « Du grec, il sait du grec, » sans doute ; mais il pouvait en faire un meilleur usage.

Je vous devais, mon cher lecteur, cette explication un peu longue. Tant de gens aujourd'hui emploient ces mots d'éocène, miocène, pliocène, dont ils ignorent absolument le sens ! N'employez que des mots que vous entendez parfaitement, surtout dans les sciences ; sachez au besoin l'histoire de ces mots et vous vous en trouverez bien.

Au quatrième et dernier étage pour finir, au système quaternaire. Celui-ci ne se compose que de deux terrains : le diluvien, qui a vu les grands déluges, et l'alluvien, qui voit seulement se former les dépôts d'alluvions qui se bâtissent petit à petit sous nos yeux. Mais la nature ne mesure pas le temps, elle va lentement parce que ses œuvres sont éternelles ; et peut-être qu'un jour le terrain alluvien .comptera par son épaisseur aux yeux des géologues de l'avenir[1].

Vous avez parcouru sans trop de fatigue et sans trop perdre de temps, n'est-ce pas? les principales parties de notre monde souterrain. Jetez encore un coup d'œil sur la carte I. Vous voyez que toutes ces parties, nommées dans leur ensemble terrains de sédiment, se superposent les unes aux autres comme les feuillets d'un livre. C'est en effet un grand livre que celui-là, c'est celui sur les pages duquel est inscrite l'histoire de la formation.terrestre.

La vie s'est développée sur le globe avec les premiers terrains de sédiment. Des plantes infimes, des animaux d'espèces rudimentaires, ont fait leur apparition sur la planète dès que les milieux l'ont permis. Peu à peu, à mesure que les terrains se superposaient les uns aux autres et que les dépôts allaient s'élevant, la vie se modifiait aussi, progressait, revêtait des formes de plus en plus perfectionnées. Aux coraux, aux mollusques, s'ajoutaient successivement les crustacés, les poissons, les reptiles, puis les oiseaux, enfin les mammifères.

De même les plus humbles plantes, les mousses, les lichens, les fucus, voyaient bientôt naître à côté d'elles les fougères, dont les espèces arborescentes

---

[1] Pour plus de détails sur la formation des terrains, voir l'*Histoire de la Terre*, par L. Simonin, 3e édition. — Paris; J. Hetzel, 1867.

Fig. 1. — La caverne à ossements de Maestricht.

devaient présenter, à l'époque carbonifère, une am-
pleur qu'elles n'offrent plus aujourd'hui que dans
les régions tropicales.

Aux fougères et aux plantes analogues se joi-
gnaient bientôt les conifères, et enfin, peu à peu,
dans la période tertiaire et quaternaire, tous les arbres fruitiers et forestiers que nous voyons encore
aujourd'hui.

Les restes de ces corps vivants, plantes ou animaux, qui depuis les premiers âges terrestres se
sont développés à la surface du globe accomplis-
sant leurs mystérieuses évolutions, les restes de
tous ces corps vivants, quand ceux-ci ont laissé
leur enveloppe, leur charpente intérieure ou seulement leur empreinte dans les différentes couches
qui composent les terrains de sédiment, sont ce
que les géologues nomment à proprement parler les
fossiles, et les gens du monde les *pétrifications*.
y a ainsi des plantes, des coquilles, des os pétrifiés.

De tout temps les fossiles ont donné lieu aux discussions des savants, et les uns y ont vu longtemps
une des preuves les plus certaines du déluge mosaïque, tandis que quelques philosophes, comme
Voltaire, ne voulaient voir dans tous ces restes
d'animaux éteints que des coquilles perdues par
des pèlerins revenus de la Terre Sainte, des débris
de cabinets de naturaliste jetés au vent, et même
les restes d'un déjeuner d'excursionnistes en go-
guette.

Cela n'était sérieux ni d'un côté, ni d'un autre : qui trop veut prouver, ne prouve rien. Il faut prendre les fossiles pour ce qu'ils sont, pour les *médailles de la géologie*, comme on les a si à propos appelés. Avec eux, avec ces hiéroglyphes restés si longtemps indéchiffrables, le géologue reconstruit le passé de la terre, comme, avec les vieux manuscrits, avec les médailles métalliques, l'historien fait vivre les sociétés disparues.

Les gisements de fossiles se rencontrent partout. En France, en Angleterre, en Allemagne, en Italie, aux États-Unis, il y en a de très-célèbres. Au siècle dernier, sur les bords de la Meuse, on citait les fameuses carrières de Maestricht, où se donnèrent tour à tour rendez-vous les savants à lunettes (fig. 1). Pendant les guerres de la République, le gouvernement français lui-même s'émut au sujet de ces *cavernes*, et tout en faisant le siége de Maestricht, il délégua un naturaliste, Faujas de Saint-Fond, pour aller étudier les fossiles qu'elles renfermaient. En ces temps-là, on menait volontiers de front et la science et la guerre. Faujas étudia consciencieusement les carrières de la montagne de Saint-Pierre, comme il les appelait, mais se trompa sur les restes fossiles qu'elles contenaient. Ce ne fut que plus tard que Cuvier démontra que ces restes n'étaient autres que ceux d'un immense reptile, d'espèce perdue, qu'il appela le mosasaure ou le saurien de la Meuse, Maestricht étant en effet situé sur cette rivière. Et

Fig 2. — Les génies du monde souterrain, d'après les légendes allemandes.

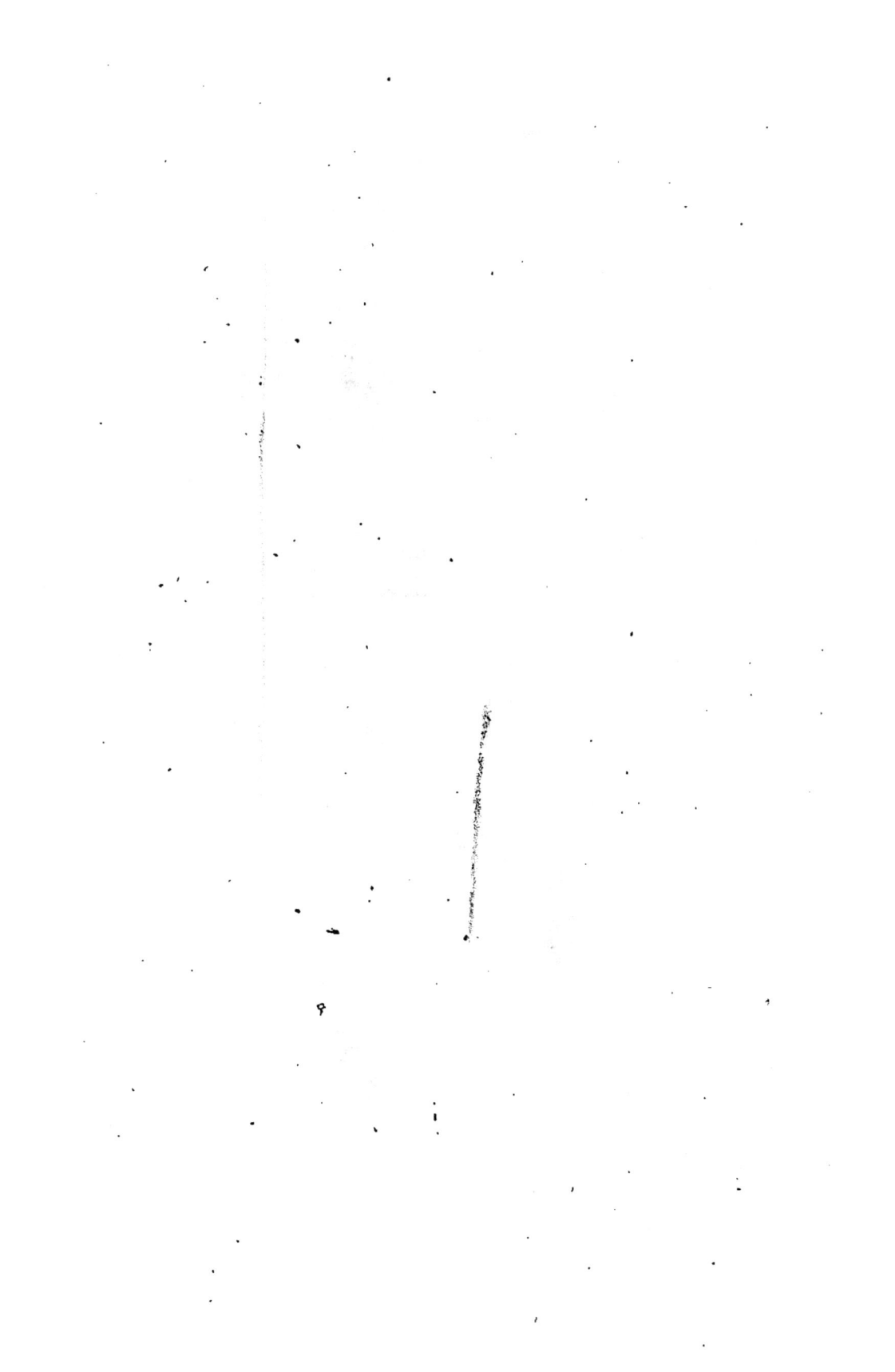

ainsi finit l'histoire du *grand animal*, d'autres disaient le *grand crocodile* de Maestricht, qui avait si
longtemps préoccupé les géologues.

A côté des savants, il faut toujours ranger les
gens du monde, le vulgaire si l'on veut. Ceux-ci ont
eu longtemps des opinions différentes sur les fossiles. Ils y ont vu, comme les anciens, des jeux de
la nature, des effets d'influences planétaires, des
pétrifications d'urine de lynx, des productions de
la foudre, etc., etc. Les Allemands, plus poétiques,
avaient imaginé que c'étaient les génies du monde
souterrain, Nickel et Kobolt, qui étaient passés
par là, et qui, fouillant le sous-sol, entassant
les roches les unes sur les autres, y avaient gravé
ces dessins étranges, fantastiques, mystérieux,
que l'on croyait voir dans les fossiles (fig. 2).

J'ai dit qu'à mesure que les terrains sédimentaires s'étaient étagés les uns sur les autres, la vie
s'était modifiée, et que, par exemple, les espèces
animales avaient revêtu des formes de plus en plus
parfaites. L'homme est ainsi venu le dernier, à son
heure ; mais est-il venu avec les plus récents dépôts
alluviens ou avant eux, a-t-il ou non vécu avec
les grands mammifères disparus du terrain diluvien : en un mot est-il ou non fossile ? C'est ce que
nous allons examiner. Et certainement cette question n'est pas une des moins intéressantes que peut
provoquer l'étude du monde souterrain, ou, si vous
préférez, des merveilles que ce monde renferme.

II

L'HOMME ANTÉDILUVIEN

tat et importance de la question. — La terre est un soleil éteint sur
lequel les eaux ont bâti des continents, et où la vie a subi diverses
évolutions. — L'homme fossile n'est pas l'homme antéhistorique. —
Recherches des anciens géologues. — *Homo diluvii testis*. — Les anthropolithes. — Opinion de Cuvier. — Découvertes dans les cavernes. —
Objections qu'on y faisait. — M. Boucher de Perthes. — Les haches de
pierre de la vallée de la Somme. — La mâchoire de Moulin-Quignon. —
Un congrès scientifique. — Yoé. — Menchecourt. — Les fabricants de
silex taillés. — Le meunier Quignon. — Découvertes de M. E. Lartet. —
Découvertes en Belgique, en Angleterre, en Allemagne, en Italie, en
Amérique. — Enseignements à tirer des faits établis.

Il importe de bien préciser la question qui va
être examinée.

Il s'agit ici du premier homme, tel que la science
aujourd'hui le définit, tel que des découvertes
récentes nous permettent de l'étudier. L'homme
fossile, c'est le premier homme éteint, disparu géo-
logiquement, et qui a laissé dans les couches souterraines du sol l'empreinte de ses ossements pétrifiés, et jusqu'à la trace de sa primitive industrie.

2

L'homme fossile, c'est l'homme remontant bien au delà de l'histoire, bien au delà de la mythologie, et rejeté dans la nuit lointaine des temps géologiques.

Quel problème s'offrit jamais plus intéressant aux spéculations de la science et de la philosophie?

Il s'agit ici de fixer l'époque précise où, la vie continuant son évolution incessante, l'homme apparut à son tour sur le globe, nouvel anneau dans la chaîne des êtres. On devine aisément tout le profit que l'ethnologie et l'histoire peuvent tirer de l'étude bien faite de ce grand phénomène, et l'importance prépondérante de cette curieuse question.

Socrate, dit-on, avait écrit sur les murs de son école, et répétait sans cesse à ses disciples ce fameux aphorisme : « Connais-toi toi-même. » C'est ici le cas d'appliquer le mot de Socrate, au moins sous le rapport physique. Étudions notre origine, et par là apprenons à mieux nous connaître nous-mêmes, et à marquer la place, j'entends la véritable place, que l'homme occupe dans l'univers.

La terre, soit qu'on la considère avec la Place, comme une nébuleuse échappée du soleil, ou, avec quelques astronomes d'aujourd'hui, comme une partie de la matière cosmique subitement condensée en sphère, la terre n'est qu'un soleil éteint.

Notre planète eut une enfance étrange.
Buffon l'a dit, Cuvier l'a constaté :
Un peu de feu qu'enserre un peu de fange
Donna naissance à ce monde encroûté.

Ainsi s'exprime Béranger.

Nous savons que sur la première écorce du globe, les eaux, laissant peu à peu déposer des sédiments argileux et calcaires, ont bâti des continents. Les êtres qui vivaient à l'intérieur, à la surface ou au bord de ces eaux, ont été successivement engloutis dans les couches que celles-ci formaient, et ce sont les restes de ces êtres éteints, ainsi déposés au milieu des sédiments, qui composent, nous le savons aussi, ce que l'on appelle les fossiles.

Le principal caractère des fossiles est d'appartenir généralement à des espèces éteintes et de plus en plus perfectionnées à mesure qu'on remonte l'échelle des formations que nous avons, avec la plupart des géologues, décomposées en quatre grandes périodes. Dans la première apparaissent des crustacés souvent énormes, ancêtres des homards et des écrevisses, et les premiers poissons ; dans la seconde, se montrent de gigantesques sauriens, précurseurs des lézards, des serpents et de tous les reptiles d'aujourd'hui ; dans la troisième naissent les grands mammifères, aïeux de nos éléphants, de nos tapirs, de nos rhinocéros ; enfin dans la quatrième apparait, avec d'autres mammifères restés pour la plupart fossiles, notre commun aïeul, l'homme. L'homme a-t-il laissé ses dépouilles dans les plus anciens dépôts de cette période quaternaire, ceux qu'on nomme le terrain diluvien, dépouilles qui alors se trouveraient mêlées à celles des grands mammi-

fères éteints, ou l'homme n'est-il apparu qu'à la fin
de cette période quaternaire? tel est le nœud de la
question. Si l'homme est fossile, son âge est diluvien, et il peut-avoir cent mille ans ; si l'homme
n'est pas fossile, il est d'apparition récente, il n'a
que six ou sept mille ans. Mais l'homme fossile
(ou un être qu'on peut nommer ainsi à cause
de l'analogie ou même de l'identité de son orga-
nisation avec la nôtre), l'homme fossile existe,
et l'une des découvertes les plus remarquables de
la science d'aujourd'hui, est précisément d'avoir
démontré la contemporanéité de l'homme et des
grands mammifères éteints : l'ours et l'hyène des
cavernes, le rhinocéros aux narines cloisonnées, l'é-
léphant chevelu, le cerf aux grandes cornes, le renne,
dont une espèce alors habitait nos climats. Je ne
parle pas de l'aurochs, de l'urus, du bouquetin,
encore vivants aujourd'hui dans quelques parties
de l'Europe, ou disparus d'hier à peine.

Cette découverte de l'homme fossile se relie intimement à celle de l'homme qu'on pourrait simplement appeler l'homme antéhistorique, ou si l'on
veut l'homme mythologique, celui que toutes les
légendes ont célébré à l'origine des peuples, et que
la science d'aujourd'hui peut réclamer, j'entends
l'homme des tourbières, des cités lacustres, des
kiekkenmœddings[1] du Danemark, etc. Mais je me

---

[1] Mot à mot, *rebuts de cuisine*. Ce sont des amas de coquilles co-
mestibles que l'on rencontre sur les rivages du Danemark, mêlés à

bornerai à l'homme fossile proprement dit, l'aîné
de toùs, celui que nous révèle spécialement l'étude
du monde souterrain.

Cette question de l'homme fossile a de tout temps
préoccupé les savants. L'homme témoin du déluge,
l'*homo diluvii testis*, était la preuve la plus convaincante sur laquelle les anciens géologues comptaient
pour appuyer leurs théories. Et aujourd'hui, chose
étonnante, plus d'un de nos grands savants, et
parmi eux le célèbre fondateur de la géologie française, celui qui peut disputer à Cuvier l'honneur
d'avoir créé la science, plus d'un de nos grands
théologiens, sont rebelles à la découverte de l'homme
fossile, et la nient absolument.

Étranges tâtonnements, surprenantes oscillations
de l'esprit humain, qui va, par brusques soubre-
sauts, de l'un à l'autre bord extrême de la route
de la vérité, sans savoir jamais se tenir sur la ligne
intermédiaire !

Il n'importe ! la question a marché, la lumière
s'est faite, mais ce n'a pas été sans peine. Pendant
tout le courant de ce siècle, et vers la fin du siècle
dernier, dans des cavernes, dans les couches de
ces dépôts quaternaires que nous avons nommés
le terrain diluvien, on avait déjà rencontré des
armes et des outils de pierre, et des ossements humains, mêlés à ceux des grands mammifères que

des os d'animaux, de chiens, etc. Ces amas sont contemporains des
premiers hommes qui ont peuplé ce pays.

je citais tout à l'heure, mais on ne s'y était guère
arrêté. On recherchait plutôt ce qu'on nommait les
anthropolithes, c'est-à-dire des hommes pétrifiés
de toutes pièces, et, sous ce rapport, l'on n'avait
pas eu la main heureuse.

Un des *homo diluvii testis* de ce temps fut reconnu
par Cuvier pour n'être qu'un batracien, une énorme
grenouille, l'autre pour le 'squelette d'un nègre
moulé au milieu des coraux que les zoophytes élèvent encore aujourd'hui autour des îles des Antilles.

Quant à des os pétrifiés que l'on promenait par
les villes comme étant ceux du géant Teutobochus,
roi des Cimbres, vaincu par Marius, ils n'étaient
autres que les restes d'un mastodonte.

Je ne parle pas des prétendues découvertes qui
n'avaient qu'un côté plaisant, comme celle de cet
homme de pierre trouvé dans la forêt de Fontainebleau, il y a quelque quarante ans, et qui raconta
lui-même son histoire dans une brochure qui fit
alors grand bruit. Cet homme pétrifié n'était autre
qu'un bloc de grès de figure originale, comme il
y en a de si nombreux dans la forêt de Fontainebleau. L'homme de cette époque rappelle celui du
temps des Incas, couleur pain d'épices, confit dans
le guano, extrait aux îles Chincha il y a quelques
années, et promené en Europe de foire en foire. Mais
tout cela n'est pas sérieux : il faut revenir aux véritables restes de l'homme antédiluvien, si longtemps
soupçonnés et cherchés.

. Cuvier proclamait de son temps que la science n'avait encore constaté l'existence ni du singe ni de l'homme fossiles, mais que peut-être les continents où notre premier père avait vécu avec son voisin immédiat dans l'échelle animale, avaient été engloutis sous les eaux dans quelque cataclysme géologique. Les disciples de Cuvier n'ont pas imité sa réserve.

Vers le même temps, on découvrait dans des cavernes des crânes de forme assez étrange, rappelant plutôt la tête du singe que celle de l'homme, et toujours au milieu de ces ossements, des outils de pierre, des haches de silex taillé.

Quelques géologues hardis proclamaient hautement que ces restes n'étaient autres que ceux du premier homme, que l'on avait là la preuve la plus certaine de la coexistence de notre commun aïeul avec les grands mammifères perdus, et qu'il fallait par conséquent reporter bien au delà de la chronologie jusqu'alors admise l'apparition du premier couple humain.

A Engis sur la Meuse, à Neanderthal dans la Bavière, dans le midi de la France, à Bizes (Hérault), on trouve dans des cavernes des os d'hyène, d'ours, et avec eux des restes de poteries grossières, des traces de feu, des empreintes sur ces os. On répond à ceux qui voient là les restes de l'homme primitif :

« Les cavernes ont de tout temps servi d'habitation aux animaux et à l'homme, mais l'homme,

que vous croyez si vieux, est venu dans ces cavernes
chercher un refuge bien après les animaux éteints.

« Il a établi là sa demeure, sa sépulture, et voilà
comment des os humains se trouvent mêlés à ceux
d'animaux fossiles. Quant aux empreintes sur ces
os, ce sont des traces de dents de carnassiers.

« Tout est mêlé, c'est vrai, restes d'industrie primitive et ossements d'animaux disparus, mais les
eaux ont pénétré à plusieurs reprises dans ces cavernes, et y ont tout bouleversé. Les stalactites,
elles-mêmes, ont étendu leurs formations récentes
au milieu de tous ces débris.

« Ceux de l'homme ne sont pas aussi anciens qu'on
le croit, et remontent même, pour quelques-uns, à
des époques presque contemporaines. »

Et l'on allait jusqu'à citer, pour les cavernes des
Pyrénées et des Cévennes, les guerres de religion et
les dragonnades, comme si à ces époques l'homme
se servait d'épées en silex, de flèches en os barbelés,
et préparait ses aliments dans des vases d'argile
crue !

La théorie du remplissage récent des cavernes
était même si bien admise, qu'un de nos savants
écrivait dans ce sens, en 1847, dans le Dictionnaire
d'histoire naturelle de d'Orbigny, au mot *Cavernes*,
un article qui fut tout aussitôt considéré comme
classique, et qui semblait fixer irrévocablement la
question.

M. Desnoyers s'est depuis converti aux théories

nouvelles, et, aujourd'hui, se trouve aussi en avant dans le camp des partisans de l'homme fossile, qu'il était resté naguère en arrière. Mais n'anticipons pas sur les événements, et décrivons la période de transition par laquelle on est tout à coup passé d'un extrême à l'autre ou, si l'on préfère, de l'erreur à la vérité.

C'est à deux savants français que revient l'honneur d'avoir définitivement vidé la question de l'homme fossile. L'un est un archéologue, fondateur de la Société d'émulation d'Abbeville, M. Boucher de Perthes, ravi récemment à la science; l'autre est un paléontologiste, un illustre successeur de Cuvier, M. E. Lartet.

Faisons à chacun de ces Christophes Colombs de la science la part qui lui revient.

M. Boucher de Perthes, bien que ses découvertes aient été constatées les dernières, mérite d'être cité le premier, comme étant le premier en date. C'est au commencement même de ce siècle que remontent ses recherches sur l'homme fossile. Avec une foi naïve, il s'enquérait des traces du déluge et des enfants d'Adam. A Marseille, dans des cavernes à l'est de la ville, à Gênes, où l'amena son père, plus tard au Pecq près Saint-Germain, et au champ de Mars à Paris, il trouvait, dans le terrain diluvien, soit des armes de pierre grossièrement ébauchées, soit des restes de l'industrie primitive de l'homme. Mais ses principales découvertes, celles surtout qui

ont ému les savants, ont été faites à Moulin-Quignon, près d'Abbeville, et à Saint-Acheul, près
d'Amiens. A Moulin-Quignon existe un terrain
diluvien composé de cailloux, de silex roulés,
agglomérés, au milieu desquels sont interposés des
lits d'une terre rouge argileuse. Autour d'Abbeville
on trouve ces mêmes dépôts, çà et là disséminés,
et de temps immémorial on les exploite, dans
l'une et l'autre localité, pour l'empierrement des
routes.

M. Boucher de Perthes avait toujours remarqué,
au milieu de ces cailloux, des pièces de formes
étranges, triangulaires, taillées en biseau sur les
bords et dénotant, d'une manière certaine, la présence de la main de l'homme. Cela rappelait les
celte, ou haches polies, provenant des Celtes ou de
leurs prédécesseurs.

Dès 1847, M. Boucher de Perthes, ayant rassemblé
un certain nombre de ces haches, en avisa l'Académie des sciences de Paris, l'invitant à venir voir sa
collection. Comme il doit arriver souvent en pareil
cas, sa communication fut accueillie avec doute.
Parmi les savants, plus d'un même ne dissimula
point le soupçon que M. Boucher de Perthes pouvait bien être un peu fou.

M. Boucher de Perthes n'était pas un fou, mais
une sorte de Breton obstiné qui, pendant toute sa
vie, a plaidé la même cause, et l'a plaidée si bien,
avec tant de persévérance, et sans qu'aucune mo-

querie ait pu l'atteindre ni l'ébranler, qu'il a fini par gagner son procès. Il peut être aujourd'hui, à bon droit, considéré comme le véritable parrain de l'homme fossile. C'est à lui que revient l'honneur d'avoir le premier fixé l'*âge de pierre* et de l'avoir fait définitivement accepter dans le monde savant.

Aux découvertes de M. Boucher de Perthes s'en rattache une sur laquelle je voudrais me taire parce qu'elle est pour moi sujette à controverse, mais que je suis bien obligé de mentionner, c'est celle de la mâchoire fossile de Moulin-Quignon, qui a fait, en son temps, assez de bruit.

On objectait toujours à M. B. de Perthes qu'il trouvait des haches, mais non des ossements humains, et que, par conséquent, le terrain où il faisait ses découvertes n'était pas un terrain formé sur place, mais seulement un terrain meuble, remanié. On lui faisait, en un mot, la même objection que pour les cavernes. M. Boucher de Perthes répondait que non-seulement son terrain était en place, mais qu'il considérait, en outre, les lieux d'où il tirait ses haches comme les emplacements mêmes des fabriques où ces haches avaient été préparées, et qu'il espérait bien un jour ou l'autre mettre la main sur un de ces fabricants antédiluviens d'armes en silex, sur un véritable homme fossile. Le hasard le servit à souhait. En 1862, un des ouvriers qui travaillaient à Moulin-Quignon vint

le prévenir que dans la *taille* de la carrière une
mâchoire montrait les dents. M. Boucher de Perthes
accourt. Devant témoins, on extrait précieusement
la mâchoire.; c'est une mâchoire inférieure, et elle
renferme encore quelques dents. Aussitôt, un congrès de savants se réunit. D'Angleterre, de France
accourent des naturalistes, des géologues et, parmi
eux, beaucoup d'incrédules. Les savants anglais,
plus intéressés que nous à la question, parce que
chez eux les discussions sur les traditions bibliques
sont plus vives, font jouer le télégraphe d'heure en
heure pendant que la mâchoire est examinée avec
un soin minutieux. Chacun présente ses objections ;
enfin, la majorité l'emporte. La mâchoire de Moulin-Quignon est celle d'un homme antédiluvien !

La nouvelle de cette grande découverte arrive à
Paris. Des récompenses honorifiques sont accordées
à quelques-uns des membres du congrès d'Abbeville,
à M. B. de Perthes, à M. de Quatrefages, pour célé-
brer la victoire que la science vient de remporter
chez nous. Les Anglais rentrent chez eux l'oreille
basse. Déjà, à Abbeville, on faisait à l'un d'eux, le
grand paléontologiste Falconer, mort depuis, des
observations sur sa triste mine : « Dans mon pays
on n'aime pas les vaincus, » répondit-il.

La mâchoire de Moulin-Quignon, payée par
M. Boucher de Perthes de ses deniers, cédée par lui
au Muséum de Paris, est aujourd'hui déposée dans
les collections du cabinet d'anthropologie. Elle est

là, montée sur un pivot de cuivre jaune, et religieusement recouverte d'un globe de cristal à travers
lequel on peut l'examiner à loisir, comme une de
ces pendules d'albâtre du temps de la Restauration.
Elle a été sciée par le milieu pour qu'on pût en
étudier l'intérieur. Elle laisse bien quelques doutes
dans l'esprit des géologues, et surtout des chimistes,
qui prétendent que si on l'analysait on y trouverait
encore de la gélatine, preuve de son âge récent.
D'autres objectent que non-seulement le terrain de
Moulin-Quignon est remanié, mais qu'il a même
servi de cimetière en temps d'épidémie, au seizième
et au dix-septième siècle, que par conséquent les
débris humains qu'on y retrouve s'expliquent
d'eux-mêmes, et sont d'époque presque contemporaine.

Toutefois les anthropologistes, M. Pruner-Bey à
leur tête, se sont prononcés sur la haute antiquité
de la fameuse mâchoire, à laquelle ils attribuent
des caractères anatomiques particuliers.

Il est fâcheux que les restes de l'individu auquel
appartenait la mâchoire n'aient pas été aussi retrouvés. Les spirites ont bien consulté les tables qui
parlent, et les tables ont répondu que l'homme fossile de Moulin-Quignon s'appelait Yoé (n'était-ce pas
Noé qu'elles voulaient dire?), et qu'on découvrirait
ses restes en marchant à trois mètres à l'est du
point où la mâchoire avait été retrouvée. On a marché dans le sens indiqué, mais on n'a jamais rien

découvert, et les spirites, une fois de plus, ont démontré toute leur impuissance.

A Menchecourt, près de Moulin-Quignon, et à Saint-Acheul près d'Amiens, on a aussi déterré des haches en silex, cette fois non plus dans un terrain douteux, plus ou moins remanié, mais au milieu de couches sableuses stratifiées, et au-dessus du niveau des plus hautes eaux de la Somme. Dans les sables sont des os fossilisés d'éléphant, de cerf, de renne, de cheval primitif, etc., de sorte que la contemporanéité de l'homme et de tous ces animaux éteints ne semble pouvoir être mise en doute, puisque les couches sableuses sont au-dessus des dépôts de silex taillés. Ces silex proviennent eux-mêmes du terrain crétacé, qui formait le relief du sol dans cette partie du nord de la France, avant la formation du terrain diluvien.

Un mot encore sur Moulin-Quignon. Non-seulement on a contesté l'authenticité de la mâchoire trouvée par M. Boucher de Perthes, mais encore celle des silex taillés eux-mêmes, sous prétexte que des faussaires avaient vendu à des touristes de passage des haches fabriquées tout exprès. On cite même, à Abbeville, un marchand d'antiquités qui vend à la fois du Moulin-Quignon et du Saint-Acheul. Le Moulin-Quignon est recouvert d'un sable rouge ou noirâtre, le Saint-Acheul d'un sable gris. Il enduit les haches d'une matière gluante, et les plonge dans une caisse contenant du sable de Moulin-Qui-

gnon ou de Saint-Acheul, suivant que son corres-
pondant écrit pour demander des échantillons de
l'une ou de l'autre localité, ou des deux à la fois.
En Italie, on fabrique aussi des bronzes et des médailles antiques, et on leur donne ce qu'on nomme
la patine en les enterrant sous le sol. Mais s'il y a
de fausses statuettes et de fausses médailles, il y
en a de vraies; de même pour les haches en silex.
Ce n'est donc pas une raison, parce qu'on a fal-
sifié quelques-uns des objets provenant de Moulin-
Quignon ou de Saint-Acheul, pour les rejeter tous
sans contrôle.

Quant au meunier Quignon, qui a donné le nom
de son moulin à l'endroit sujet de tant de disputes,
il ne paraît pas se douter de l'existence de l'homme
fossile, ni de l'effet que produit le nom de Moulin-
Quignon dans une groupe de savants. Tout ce bruit
s'est fait à deux pas de son domicile sans qu'il
s'en soit le moins du monde aperçu. Le moulin
est sur un tertre, muni d'une paire d'ailes gigantesques, comme celui de Sans-Souci, et Quignon
comme Sans-Souci n'a d'yeux que pour sa mou-
ture; de sorte qu'on peut dire de lui, en paraphra-
sant et altérant quelque peu les vers si connus
d'Andrieux:

> Fort bien achalandé, grâce à son caractère,
> Le moulin a le nom de son propriétaire;
> Lui, de quelque côté que souffle un peu de vent,
> Il y tourne son aile, et puis s'endort content.

J'ai dit que le grand paléontologiste, M. E. Lartet, était, après M. Boucher de Perthes, le plus méritant de tous les découvreurs de l'homme fossile. M. E. Lartet a surtout étudié la question des dépôts contenus dans les cavernes, comme M. B. de Perthes celle des dépôts diluviens. Partout M. E. Lartet a constaté la présence certaine de l'homme primitif, notamment dans les cavernes du Périgord avec les animaux du terrain diluvien, l'ours au front bombé, le mammouth, le renne, l'aurochs, etc. M. E. Lartet a retrouvé, au milieu des ossements de ces animaux fossiles, et incrustés dans des sédiments des cavernes, tous les restes de l'industrie primitive de l'homme, non-seulement des armes, des outils de silex : haches, pointes de flèche ou de lance, couteaux, canifs, poinçons, grattoirs, mais encore des vases de terre crue ou cuite, des pierres noircies par le feu, des os travaillés en aiguilles, en pointes de flèche, en manches de poignards, etc. Enfin, dernière découverte, de nature à convaincre les plus obstinés opposants, sur une plaque d'ivoire, provenant d'un mammouth ou éléphant velu, il a trouvé la silhouette de ce mammouth tracée d'une manière indubitable. L'homme primitif lui-même avait dessiné l'animal qu'il avait devant les yeux. Déjà M. Lartet avait signalé sur des os travaillés la figure du bouquetin, du renne, du cheval fossiles, etc., mais comment douter encore après la gravure du mammouth retrouvée sur une plaque d'ivoire provenant du mammouth lui-même?

C'est en 1865 qu'a eu lieu cette dernière découverte.

D'autres trouvailles sont venues depuis corroborer celle-là, et d'infatigables chercheurs, — je ne cite que parmi ceux de France, MM. de Vibraye, Desnoyers, Garrigou, l'abbé Bourgeois, — ont de plus en plus confirmé que l'existence du premier homme se perdait dans la nuit des temps géologiques. M. de Vibraye a trouvé, dans des cavernes du centre de la France, des mâchoires, des crânes d'hommes antédiluviens; M. Garrigou, dans les cavernes des Pyrénées, a signalé sur une ardoise un dessin d'ours au front bombé contemporain de l'homme primitif, qui l'avait en quelque sorte fait poser. M. Desnoyers, M. l'abbé Bourgeois ont successivement constaté, auprès de Chartres, l'existence d'ossements fossiles, entre autres d'éléphant méridional (*Elephas meridionalis*) portant la trace positive d'incisions faites par la main de l'homme au moyen d'outils de silex.

Voilà maintenant notre premier aïeul d'âge non-seulement quaternaire, mais même tertiaire, et quelle raison s'oppose à cela, puisque, dès la période tertiaire, les milieux, déjà propices à l'éclosion de toutes les espèces végétales et animales qui vivent encore aujourd'hui, semblent aussi être favorables à l'apparition de l'homme? Pourquoi cette

3

apparition aurait-elle été retardée, puisque le moment était venu où elle devait avoir lieu?

Après tant de faits plaidant en faveur de la question, est-il nécessaire d'ajouter que partout, en Belgique, en Angleterre, en Allemagne, en Italie, en Espagne, aux États-Unis, au Brésil, en Syrie, dans l'Inde, dans tous les lieux que les géologues ont fouillés, des découvertes de même ordre que celles qui viennent d'être rappelées ont eu lieu, que des crânes, des mâchoires fossiles qui paraissent bien authentiques ont été trouvés en maintes localités, notamment en Italie dans le val d'Arno, en Belgique dans les cavernes de la Meuse, et sont venus de plus en plus confirmer l'existence de l'homme antédiluvien? Ce ne sera pas une des moindres conquêtes de la géologie contemporaine que d'avoir résolu ce grand problème, à la poursuite duquel se débattait depuis si longtemps la science.

Revenons maintenant sur tout ce qui vient d'être dit, recueillons-nous, et voyons s'il est possible de tirer quelque enseignement de l'étude que nous venons de faire. Assurément l'homme dont nous avons invoqué le souvenir, n'est pas l'homme de l'âge édénique. Sorte de Robinson Crusoé, jeté nu sur la terre nue, il a dû créer toutes ses industries, trouver seul les moyens de se prémunir contre toutes les rigueurs du climat, et disputer pied à pied aux bêtes fauves sa demeure et sa nourriture. L'humilité de nos origines ne doit pas

blesser notre orgueil. L'antiquité de notre naissance n'a rien qui doive nous froisser. Les partisans
de l'unité de la race humaine verront même dans
cette antiquité un appui à leur théorie. Que de
temps n'a-t-il pas fallu pour faire d'un seul type
tous les types, toutes les races diverses que nous
voyons aujourd'hui? Les partisans de la variabilité
de l'espèce, les disciples du célèbre naturaliste Dar-
win, verront également dans la haute antiquité de
l'homme une sorte de confirmation de leurs vues, à
la fois si hardies et si étranges. Les théologiens eux-
mêmes reconnaîtront peut-être dans l'homme fossile cet homme témoin du déluge que les géologues
ont si longtemps cherché, et trouveront par conséquent en lui une preuve et non une dénégation des
traditions bibliques. Au reste, la Bible à la main,
quelques érudits se croient en mesure de prouver
qu'un temps très-long a pu séparer la création de
l'homme primitif, de celle d'Adam lui-même. A
son tour, l'historien reportera bien plus loin que
par le passé, la commune origine des peuples,
leurs grandes migrations, la naissance de l'écriture
et du langage, la découverte de tous les arts ; il ap-
prendra même qu'il y a eu une histoire avant l'histoire, et que, s'il y a des hommes fossiles, il y a
aussi des villes mortes et en quelque sorte fossiles.
Témoins des primitives civilisations, ces cités, ces
ouvrages de terre ou de pierre n'ont laissé aucune
trace, aucun souvenir dans l'esprit des hommes.

Sur ces cités, il n'y a pas de tradition, et quand
on les retrouve tout à coup, comme par exemple à
Ankor-Vat, dans le haut Cambodge (Cochinchine),
perdues au milieu des forêts vierges qui les ont
peu à peu envahies, on est comme le géologue qui
découvre dans les formations terrestres un fossile
jusqu'alors ignoré.

De tout cela, quelque loin qu'on se reporte, il ressort un progrès continu, une loi de perfectibilité in-
niable, et c'est ici que le philosophe et le moraliste
trouvent aussi un enseignement. La théorie du
progrès n'est donc pas un rêve, et plus nous place-
rons loin nos origines, plus nous devrons mesurer
avec satisfaction le chemin parcouru, plus nous devrons avoir confiance dans l'avenir. Lors même que
nous descendrions du singe (ce qui, grâce à Dieu,
est loin d'être prouvé), la distance qui nous sépare
de notre voisin immédiat dans l'échelle animale
étant désormais immense, nous n'aurions pas à
rougir de notre point de départ. Venus de bas, nous
nous sommes élevés si haut que nous dominons
aujourd'hui tous les êtres, et que l'homme a pu se
croire un moment, et s'est nommé lui-même le roi
de la création. Être éminemment raisonnable, per-
fectible, progressif, il est au moins arrivé à un
état d'avancement tel que nul animal ne peut lui
être comparé. L'homme n'est pas sans doute un
singe perfectionné, mais il est consolant de voir
qu'il ressort de l'étude que nous venons de faire la

preuve la plus convaincante de la dignité, de la
perfectibilité et de la puissance de l'homme. Toute
la théorie du progrès est inscrite en traits ineffaçables dans l'histoire de l'homme fossile ou antédiluvien, notre premier aïeul.

III

LES FOSSILES DU BASSIN D'AIX

Un monde retrouvé. — Échantillons curieux. — Insectes, grenouilles, poissons, végétaux pétrifiés. — L'évolution géologique. — Encore la question du premier homme.

Nous voudrions appeler l'attention sur une découverte d'êtres fossiles fort intéressants, connue depuis plusieurs années, mais qu'a complétée avec beaucoup de zèle le savant directeur du Muséum d'histoire naturelle de Marseille, M. Barthélemi Lapommeraye. Il s'agit des insectes fossiles du terrain à plâtre d'Aix, en Provence, contemporain de celui de Montmartre, à Paris. On sait que Cuvier découvrit dans ce dernier les *palæotheriums*, les *anoplotheriums* et autres gigantesques mammifères que son génie parvint à reconstituer avec quelques débris. Les espèces en sont perdues et ne présen-

tent plus aujourd'hui d'analogues que dans les
tapirs, les rhinocéros et les hippopotames.

Les fossiles du bassin d'Aix, bien que d'èspèces
plus infimes, ne sont pas moins dignes de tout l'intérêt du philosophe et du naturaliste. Tout un
monde éteint : mouches, papillons, libellules, sca-
rabées, coccinelles, araignées, etc., vivaient à la
surface de ces eaux gypseuses il y a des milliers de
siècles et ont laissé de la façon la plus nette leur
délicate empreinte entre les feuillets du terrain à
gypse, tant le dépôt s'est produit lentement et dans
un calme absolu. Jamais ne s'est mieux vérifiée
cette comparaison des géologues, à laquelle nous
avons déjà fait allusion, que les fossiles représen-
tent les médailles de la géologie, et que les lits des
roches sont les feuillets sur lesquels est écrite l'histoire de la formation de la terre.

Les couches de plâtre alternent avec des bancs
de marne argileuse qui se délitent en minces feuillets à la façon des ardoises, et c'est entre ces feuillets que se retrouve la trace de tous ces insectes.
M. Lapommeraye a recueilli avec le plus grand soin
ces intéressants fossiles. Il a su les dégager et souvent les deviner quand ils étaient en partie recouverts ou même entièrement cachés par les lits de
marne, et, taillant en forme régulière la plupart
de ces échantillons, il en a fait de véritables objets
d'art. On dirait une peinture en mosaïque sur des
pierres artificielles, comme celles que l'on voit chez

les bijoutiers de Rome, Florence, Naples, et représentant des insectes en noir sur un fond gris ou blanc. Pour la délicatesse du dessin, je donnerais même la palme aux fossiles du bassin d'Aix. Toutes les nervures de l'aile diaphane d'une mouche ou d'une libellule s'y trouvent reproduites, ainsi que les pattes effilées, la tête fine et les yeux délicats.

Une araignée présente l'étrange phénomène d'une double série de pattes, soit qu'elle ait été prise au moment même de la mue, soit qu'un mouvement imperceptible imprimé au dépôt ait reporté à une faible distance une empreinte déjà commencée.

Le bassin à plâtre d'Aix n'est pas seulement riche en insectes fossiles ; on y rencontre aussi des batraciens, d'énormes grenouilles, dont quelques-unes ont été moulées dans l'acte même de la natation. Il y a encore une grande quantité de poissons. Parmi ces derniers, quelques-uns se sont tordus dans d'affreuses souffrances au moment où ils étaient pris dans le dépôt ; la queue est violemment retournée vers la tête, le corps plissé. D'autres poissons, saisis dans une eau plus calme, ont les nageoires développées, le corps bien lancé, la queue frétillante ; les écailles brillent de tout leur éclat. Ces poissons fossiles sont les frères de ceux du Monte-Bolca, en Italie, qui frappèrent si vivement l'imagination du général Bonaparte en 1797. Il en envoya à Paris de magnifiques échantillons que l'on peut voir encore au Jardin des Plantes.

Pendant que ces animaux laissaient ainsi leur trace dans ce terrain d'argile marneuse et de gypse déposé par des eaux à la surface ou dans l'intérieur desquelles ils vivaient, des végétaux croissaient au bord de ces lagunes et marquaient également leur empreinte dans les lits du terrain. Des branches, des troncs, des feuilles, des fruits ont été retrouvés. Les conifères sont surtout abondants comme aujourd'hui encore, et des pommes de pin fossiles ont quelquefois été recueillies en grand nombre.

Il y a quinze ans, en visitant moi-même le bassin à plâtre d'Aix, je fis une ample récolte de ces cônes et je trouvai également quelques belles libellules.

Un de nos ingénieurs des mines les plus distingués, M. Diday, a prouvé dans un remarquable mémoire que les eaux qui ont déposé ces plâtres avaient précédemment traversé le terrain carbonifère du bassin d'Aix, inférieur au dépôt des gypses et par conséquent plus ancien. Les charbons contenus dans ce terrain sont de la qualité dite lignite ; mais ce sont des lignites parfaits, rappelant la houille. En certains points, ils présentent d'énormes cavités ou des parties molles, pourries, que les mineurs du pays ont nommées *moulières*, parce que le terrain y est mou. Le lignite contenait en ces endroits une grande quantité de pyrite de fer. Cette

combinaison de fer et de soufre, s'oxygénant peu à
peu, est passée à l'état de sulfate de fer, lequel,
agissant sur le calcaire qui sert de toit et de seuil
au charbon, a transformé celui-ci en gypse ou sulfate de chaux. Ce gypse dilué, emporté par les eaux
acides, est allé se déposer plus loin dans le terrain
à plâtre, et l'oxyde de fer, spongieux, pulvérulent,
est resté dans les moulières. M. Diday a voulu appuyer par des chiffres son ingénieuse explication,
et, comparant le vide des moulières au volume oc-
cupé par les gypses, il a trouvé des nombres concor-
dants.

Quoi qu'il en soit de cette hypothèse, il n'en demeure pas moins prouvé que tout un monde animal
a existé à l'époque où ce terrain gypseux se dépo-
sait dans les lagunes qui formaient alors le bassin
d'Aix, tout un monde de poissons, de batraciens,
d'insectes, analogues à ceux qui vivent encore aujourd'hui dans ces eaux. En même temps se déve-
loppait une flore qui rappelle de tous points celle
que l'on rencontre toujours en Provence. Par conséquent, dès ces temps géologiques, dont nous séparent peut-être des milliers de siècles, les conditions
de la vie étaient déjà les mêmes qu'aujourd'hui.
L'atmosphère avait la même composition, la même
température. Bien plus, le relief du sol avait pris
à peu près ses formes définitives, car le terrain à
gypse affleure, c'est-à-dire apparaît presque partout
à la surface. En présence de pareils faits, on se de-

mande si l'homme n'a pas été le contemporain des
êtres vivants dont on vient de parler, car on ne voit
aucune raison à ce que son apparition ait pu être
différée, du moment où toutes les conditions nécessaires à son développement se trouvaient remplies.

Il y a, dans la succession des êtres à travers le
millénaire géologique, comme une progression fa-
tale : chaque animal vient, pour ainsi dire, à son
heure. La vie revêt des formes de plus en plus par-
faites, des formes même qui parfois nous étonnent.
C'est ainsi que les trilobites du monde primitif ont
précédé les crustacés, — les grands sauriens de la
période secondaire, les reptiles actuels, — les
grands pachydermes de la période tertiaire, la
faune contemporaine. Dans cette faune, l'homme
lui-même a été précédé par le singe ; mais un
abîme immense, insondable, sépare l'homme des
quadrumanes. Dans tous les cas, comme l'a dit un
grand naturaliste, il vaudrait mieux voir en l'homme
un singe perfectionné qu'un Adam dégénéré.

Avec l'homme apparaissent pour la première fois
l'intelligence et la civilisation sur le globe ; mais
l'homme lui-même s'en ira à son tour pour faire
place peut-être à une créature supérieure, comme
notre imagination semble quelquefois en rêver.
A la fin la terre elle-même, quand elle aura rempli
son rôle, perdu son eau, sa chaleur propre et son
atmosphère, quand le feu central sera éteint, la
terre verra la vie se retirer d'elle, comme la vie

s'est déjà retirée d'autres planètes, telles que la lune. A vrai dire, il faut pour cela compter les siècles par millions.

Pendant que la série animale suit dans l'ordre des créations l'échelle progressive (et quel progrès plus merveilleux que celui-là!) que nous venons de faire entrevoir, la flore obéit à la même loi, et, en sondant les couches du globe, en interrogeant les divers fossiles végétaux, des plus anciens aux plus modernes, on a vu, nous l'avons dit, les crypto-games précéder les monocotylédonés et ceux-ci les dicotylédonés, dont les essences si variées parent aujourd'hui le sol. La vie est donc partout ici-bas et va sans cesse se modifiant : rien ne se crée, rien ne se perd. La vie seulement, comme nous avons essayé de le faire comprendre, revêt à un moment donné des formes nouvelles et de plus en plus par-faites. C'est dans cette immense évolution, la plus splendide qu'un philosophe ait jamais pu conce-voir, que l'homme a été créé à son tour, et si des découvertes comme celles que nous venons de si-gnaler se multiplient, la science pourra fixer le moment de cette apparition.

A ce grave et difficile problème on ne songeait guère hier, sur la foi de Cuvier, qui se refusait même à admettre des singes fossiles ; mais la solu-tion de la question a fait un grand pas depuis la découverte, dans le terrain diluvien, de silex tra-vaillés, découverte qui est la gloire de M. Boucher

de Perthes. A la suite de ce patient investigateur
est venue, on le sait, une phalange de chercheurs
infatigables, et M. Ed. Lartet, le célèbre paléontologiste, a démontré que l'homme en France a été le
contemporain du renne, de l'éléphant primitif, du
rhinocéros à narines cloisonnées et de l'ours des
cavernes, espèces aujourd'hui éteintes ou reportées
dans les contrées polaires. Tout cela ne nous ra-
mène encore qu'au terrain qu'avec les géologues
nous avons nommé quaternaire, et dont la partie
supérieure comprend les alluvions qui se déposent
encore sous nos yeux ; mais M. Desnoyers, en
France, a découvert dans un terrain plus ancien,
le terrain tertiaire supérieur, des ossements travaillés, indice évident de la présence de l'homme,
et M. Cocchi, de Florence, dans le terrain du val
d'Arno[1], a trouvé, au milieu d'ossements analogues
appartenant à de grands mammifères et également
travaillés, un crâne humain fossile. J'ai vu dans le
Musée d'histoire naturelle de Florence cette pièce
d'anatomie ou plutôt d'anthropologie unique en son
genre. La partie supérieure seule de la boîte os-
seuse existe. Tous les naturalistes auxquels elle a
été soumise ont été unanimes à y distinguer des caractères de fossilisation complets, et ont reconnu
dans la forme les indices d'une antiquité telle,

---

[1] Cette formation appartient à la partie moyenne des terrains
tertiaires, c'est-à-dire qu'elle est plus ancienne encore que le terrain exploré par M. Desnoyers.

qu'aucun crâne humain fossile ne saurait être opposé à celui-là. Tout au plus pourrait-on lui comparer le crâne trouvé à Neanderthal (Bavière rhé-
nane). Voilà donc l'homme contemporain du terrain
tertiaire, et, comme les gypses d'Aix appartiennent
à cet étage, les raisons que nous émettions tout à
l'heure pour autoriser la présence probable de
l'homme au milieu des fossiles dont nous parlions
se trouvent ainsi justifiées.

Que d'importantes questions soulève cette ancien-
neté de l'espèce humaine reportée si loin au delà
des temps que nous nommons historiques ! Qu'a
fait l'homme pendant toute cette longue durée de
siècles ? a-t-il seulement inventé le langage, qui serait certes la plus belle de ses découvertes, s'il ne
l'a reçu en naissant ? Que devient dans tout cela la
civilisation ? Il faut bien peu de temps pour en voir
une naître et mourir ; mais au moins laisse-t-elle
des traces ineffaçables, tandis que de l'homme fossile il ne reste rien que quelques silex grossièrement taillés et quelques dessins naïfs sur des os. Il
est vrai que la plupart des sauvages en sont restés
à cet état rudimentaire. Ne cherchons pas du
reste à tout expliquer sur notre origine, le moment est peut-être prématuré ; bornons-nous à
constater un fait aujourd'hui de toute évidence,
que nous sommes bien plus vieux que nous ne l'a-
vions cru jusqu'ici, et qu'il faudra rechercher la
trace primitive de l'homme jusque dans la partie

moyenne des terrains tertiaires. C'est ce que nous
venons de faire pressentir par les intéressantes découvertes qui ont eu lieu et se continuent dans le
terrain à gypse d'Aix, et c'est ce que semblent dé-
montrer également d'autres découvertes non moins
importantes auxquelles nous avons fait allusion dans
le chapitre précédent.

IV

L'INDUSTRIE MINÉRALE

Une industrie aussi vieille que le monde. — Les pionniers de l'abîme. —
Les houillères. — Les ardoisières d'Angers. — Les carrières d'albâtre
de Volterra. — Les marbres de Carrare. — Vallée de Ravaccione. —
Carrière romaine. — Mines à la française. — La *Concha*. — Production du
marbre à Carrare, Seravezza et Massa. — Scierie de M. Walton. — Les
marmetti. — Embarquement des marbres. — Les marbreries de Marseille. — Les marbres algériens. — Aspect de Carrare. — Maîtres sculpteurs. — Les *faiseurs*. — L'Académie de sculpture. — Les *Fantiscritti*. —
Autel votif. — Décadence et prospérité des carrières.

La mise en valeur des richesses que renferment
les différentes couches du globe a donné naissance
à une industrie aussi vieille que l'humanité, et qui
n'est pas une des moindres merveilles du monde
souterrain; j'entends parler de l'industrie minérale.
L'exploitation des carrières, des mines, se rattache
à cette industrie, et l'on sait combien le travail de
la houille et des filons métalliques est lié à la prospérité des États. L'exploitation des salines, des eaux

4

minérales, artésiennes, des sources de pétrole, de
quelques sources gazeuses elles-mêmes, a donné à
certains pays une physionomie propre et y a répandu
le bien-être.

Dès les premiers âges de l'humanité, c'est la mise
en valeur des gisements souterrains qui a seule
amené le progrès, et permis à l'homme de passer
de l'*âge de pierre*, comme on l'a appelé, à l'*âge de
bronze* ou d'airain, puis à l'*âge de fer*. Ce dernier
cycle est celui que nous parcourons encore aujour-
d'hui, et l'on sait à quel degré de civilisation maté-
rielle nous sommes arrivés dans cette période de
l'âge de fer qui a vu la découverte de la machine à
vapeur, des chemins de fer, des bateaux à vapeur,
y compris la fabrication en grand de l'acier, et
l'invention des canons rayés, des frégates blin-
dées, etc., etc. Il faut toujours, par une des fatalités
de ce monde, que les arts de la guerre se dévelop-
pent parallèlement à ceux de la paix, et que la
science de s'entre-détruire, comme l'appelait Mon-
taigne, marche de pair avec celles qui ont pour but
d'effacer, ou tout au moins d'adoucir, les misères
de cette vie.

L'industrie souterraine a donné naissance à tout
un corps de travailleurs virils, méritants, qu'on
pourrait appeler les soldats de la paix, et qui ont
sur ceux de la guerre un mérite éclatant, c'est de
produire, tandis que les autres détruisent. J'ai
retracé ailleurs la vie pleine de périls et de gran-

COUPE GÉOLOGIQUE DU TERRAIN HOUILLER DU COUCHANT DE MONS
montrant le faisceau des 156 couches entre les puits de l'Agrappe et Cache Après
dressée par L.Simonin, d'après les plans actuels des mines .

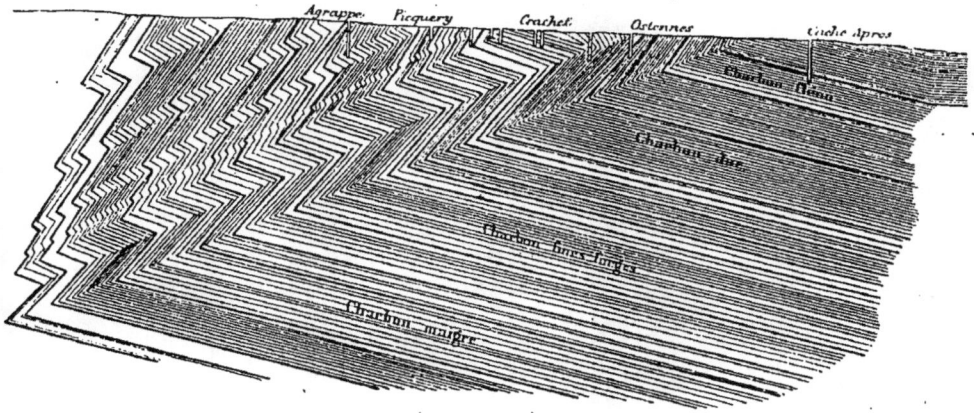

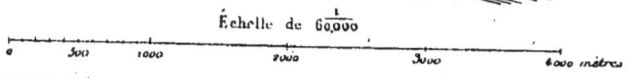

Agrappe. Picquery Crachet Ostennes Cache Après

Charbon flénu

Charbon dur

Charbon fines-forges

Charbon maigre

Échelle de $\frac{1}{60,000}$

0   500   1000   2000   3000   4000 mètres

essiné par Ed Dumas .Vorzei

Gravé chez Erhard

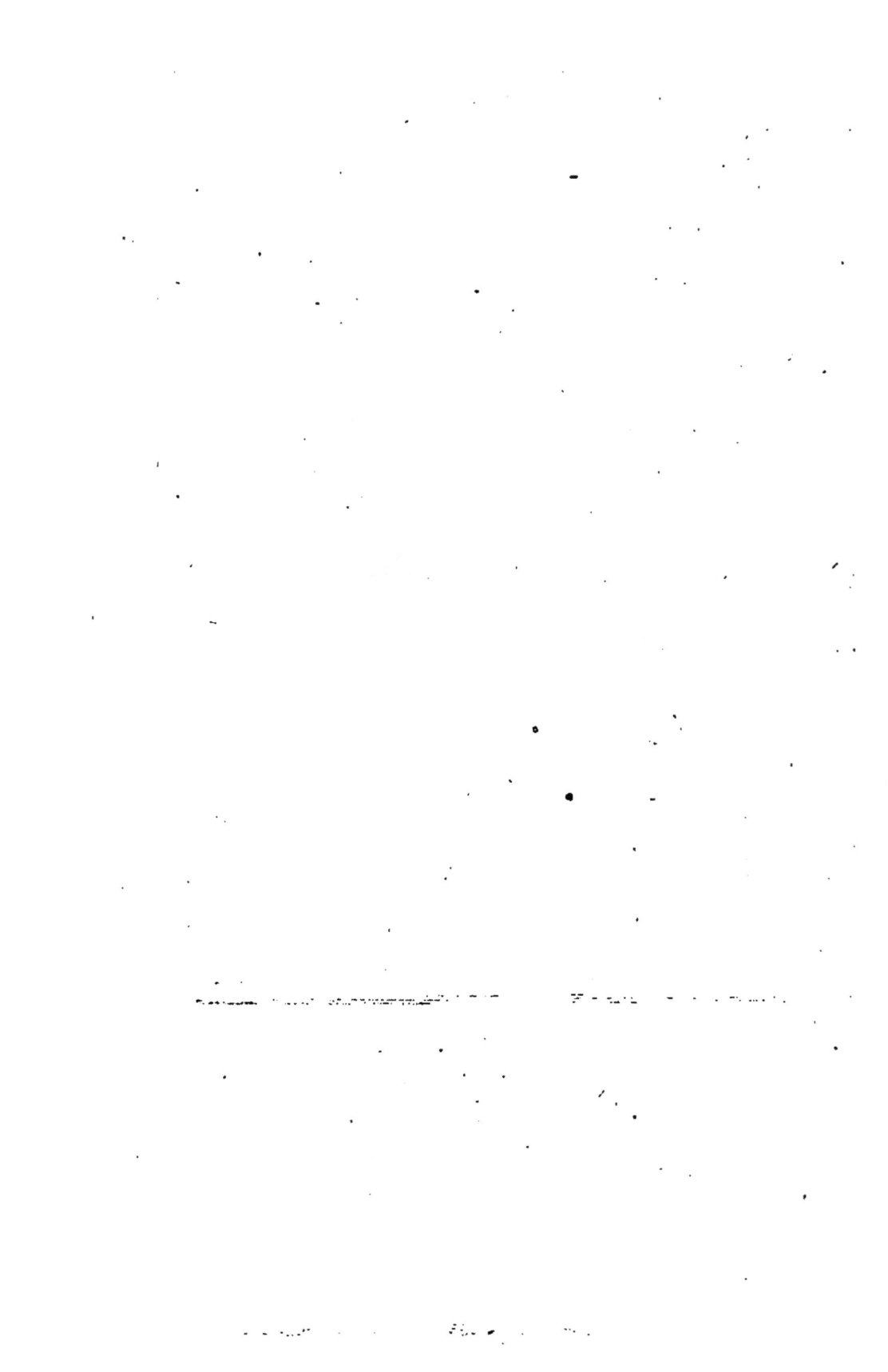

deurs de ces braves pionniers de l'abîme. Je n'y reviendrai pas, et je renvoie à cet ouvrage ceux de mes lecteurs qui voudraient faire avec les ouvriers du monde souterrain et les divers genres de travaux qu'ils accomplissent une plus ample connaissance [1].

Je ne reviendrai pas non plus sur tout ce que j'ai dit dans ce livre au sujet de la formation et de l'exploitation de la houille. Je me contenterai de donner ici quelques coupes géologiques nouvelles indiquant le gisement souterrain du combustible minéral, soit au couchant de Mons (carte II), en stratifications parallèles, régulières, soit au Creusot (cartes III et IV) en filons comprimés, laminés, comme si le combustible, d'abord à l'état pâteux, tourbeux, avait été soulevé par l'éruption du terrain environnant avant d'être entièrement fossilisé, c'est-à-dire avant d'être transformé en houille ou charbon de pierre.

On sait quelle vie pleine de labeurs mènent les ouvriers dans ces sombres abîmes, où les femmes même sont malheureusement occupées, comme on le voit en Belgique (fig. 3 et 4).

La houille abattue est transportée sur des chemins de fer intérieurs et sort par des puits ; dans quelques mines, comme en Angleterre et en Silésie, il existe

---

[1] *La Vie souterraine, ou les mines et les mineurs.* 2e édition. Paris, Hachette, 1867.

des canaux souterrains pour le transport du combustible (fig. 5). C'est un moyen heureux d'utiliser
les eaux qui gênent si souvent le travail.

COUPE
du
TERRAIN HOUILLER
DU CREUSOT
par
le puits N.º 19

Echelle de 1/5000

Dessiné par Ed Dumas Vorzet   Gravé chez Erhard

Les dangers qui menacent à chaque instant le
houilleur sont connus. Ce sont non-seulement les
irruptions d'eau, mais encore les explosions de gaz
carboné ou grisou, la présence de gaz asphyxiants,
les éboulements, les coups de mine, enfin jusqu'à
des incendies spontanés qui s'allument au milieu du
charbon, et rendent la mine dangereuse et quelquefois entièrement inhabitable (fig. 6).

L'industrie minérale comprend non-seulement l'exploitation des houillères et des mines métalliques, mais encore celle des carrières.

Carte IV.

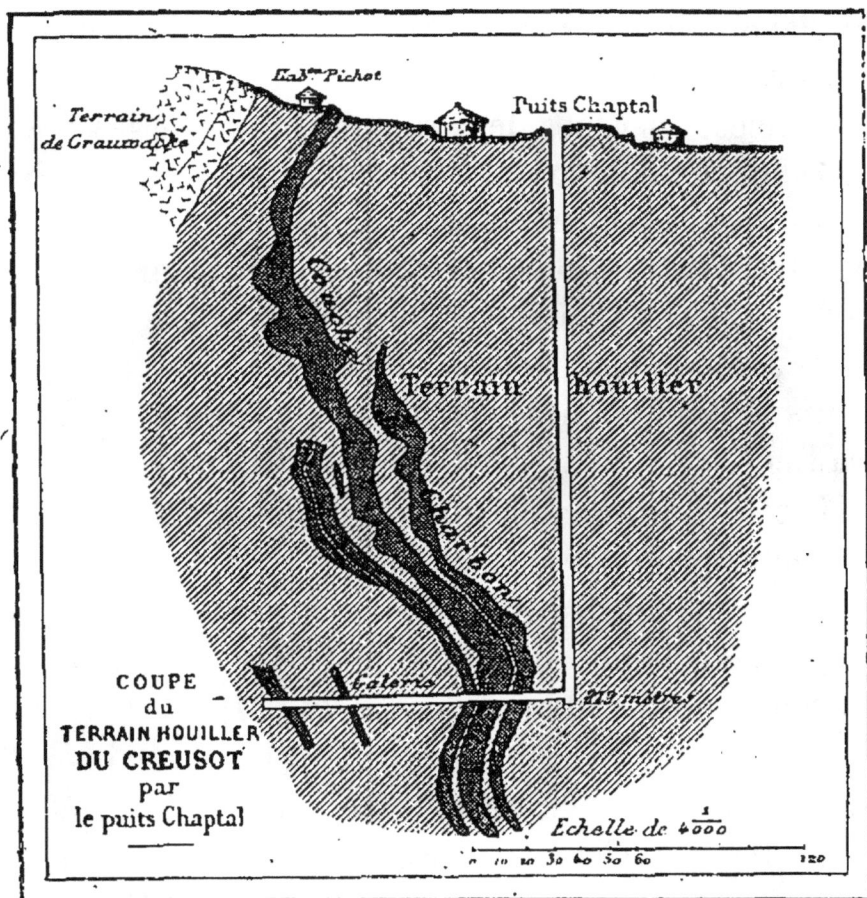

COUPE
du
TERRAIN HOUILLER
DU CREUSOT
par
le puits Chaptal

Dessiné par Ed. Dumas-Vorzet

Gravé chez Erhard

Le travail des carrières, partout répandu, donne aujourd'hui du pain à des millions d'ouvriers.

Ou connaît les carrières de pierres à bâtir, de pierres à chaux et à plâtre, de pierres de taille, de pierres à paver ; les carrières d'argile à briques, à poteries, à porcelaine ; les carrières de sable pour la maçonnerie, les verreries ; les carrières d'ardoise, de pierres meulières, d'albâtre, de marbre.

Parmi les carrières d'ardoise, nous en avons en en France de très-renommées, notamment dans les Pyrénées, les Alpes, les Ardennes, mais celles d'Angers dépassent toutes les autres par le nombre d'ouvriers qu'elles occupent, par la qualité et le chiffre d'extraction des produits. Elles sont ouvertes à l'est de la ville, le long de la route de Saumur, exploitées depuis des siècles, et envoient dans le monde entier la matière utile qu'elles travaillent.

Les excavations béantes s'étendent à de très-grandes profondeurs, et dans ces vides immenses, vertigineux, les ouvriers, étagés sur des gradins, détachent, par des méthodes ingénieuses, l'ardoise de ses lits de carrière (fig. 7).

Des machines à vapeur extraient la pierre jusqu'à la surface, où elle reçoit une préparation définitive. Des ouvriers spéciaux, dits les *ouvriers d'à haut*, tandis que l'on appelle les autres les *ouvriers d'à bas*, découpent l'ardoise en larges plaques, en dalles, en carreaux, le tout sur des dimensions voulues.

Nous avons en France d'autres carrières d'où l'on extrait des produits particuliers, telles que les

Fig. 3. — Extraction et chargement du charbon dans les mines de Charleroi (Belgique).

carrières d'argile à porcelaine ou kaolin[1], près de Limoges. Elles ont donné naissance, dans cette ville, à l'industrie de la porcelaine, qui y est depuis plus d'un siècle très florissante.

Nous avons aussi, dans les Alpes, dans les Pyrénées, des carrières d'albâtre et de marbre ; mais c'est surtout en Italie, à Volterra pour l'albâtre, à Carrare pour le marbre, qu'il faut aller pour étudier l'exploitation de ces produits souterrains.

J'ai visité à plusieurs reprises les carrières de Volterra en 1857-58. Les plus importantes sont à la Castellina, village peu éloigné de Volterra. La pierre, travaillée dans l'une et l'autre localité, est ensuite expédiée dans le monde entier à l'état de vases, de coupes, de candélabres, de socles et corps de pendules, de statuettes ; on lui donne, en un mot, ces mille formes diverses que tout le monde connaît.

On sait combien cette matière est tendre et reçoit facilement l'impression du ciseau. Ce n'est, d'ailleurs, que de la pierre à plâtre cristallisée, de même composition chimique que celle qu'on retire des buttes de Montmartre.

L'albâtre de Volterra est souvent translucide ; d'autres fois, il imite le marbre. Parmi les plus remarquables variétés, on cite le *giallo* ou jaune, rappelant le beau marbre jaune de Sienne, que le

---

[1] On reconnaît là le mot chinois qui sert à désigner, dans le Céleste Empire, l'argile à porcelaine.

premier empire avait mis chez nous à la mode, et
le *fiorito* ou fleuri, de même apparence que les
marbres gris veinés de Seravezza, près Carrare.
Il y a aussi l'albâtre blanc clair, ressemblant au
plus beau marbre statuaire.

Les Volterrans ont une habileté toute particulière
pour travailler l'albâtre ; il est même probable que
cette industrie s'est transmise de père en fils et de
temps immémorial chez ce peuple antique. Les
Étrusques, fondateurs de Volterra, ont brillamment
ouvert le chemin où les ont suivis tous leurs suc-
cesseurs. Ceux-ci les ont même surpassés, et les
artistes modernes font preuve d'un goût exquis
dans leurs dessins et leurs compositions. Ils sont
en cela restés Italiens, et chacun d'eux étale avec
un juste orgueil, aux regards des visiteurs, ce qu'il
appelle son *museo*, c'est-à-dire la collection de ses
œuvres.

Des familles d'artistes volterrans exercent sur
une très-grande échelle l'industrie de l'albâtre, et
pendant que le chef exploite les carrières et sculpte
la pierre au logis, il n'est pas rare de voir les fils
faire leur tour du monde pour débiter les chefs-
d'œuvre paternels. L'Inde et les deux Amériques
raffolent de ces produits, et l'on cite des marchands
de Volterra qui sont revenus chez eux de ces loin-
taines contrées avec plusieurs millions.

Dans les établissements d'eaux minérales des
Pyrénées, on vend au poids de l'or, aux crédules

Fig. 4. — Transport souterrain du charbon par des femmes dans les mines de Charleroi (Belgique).

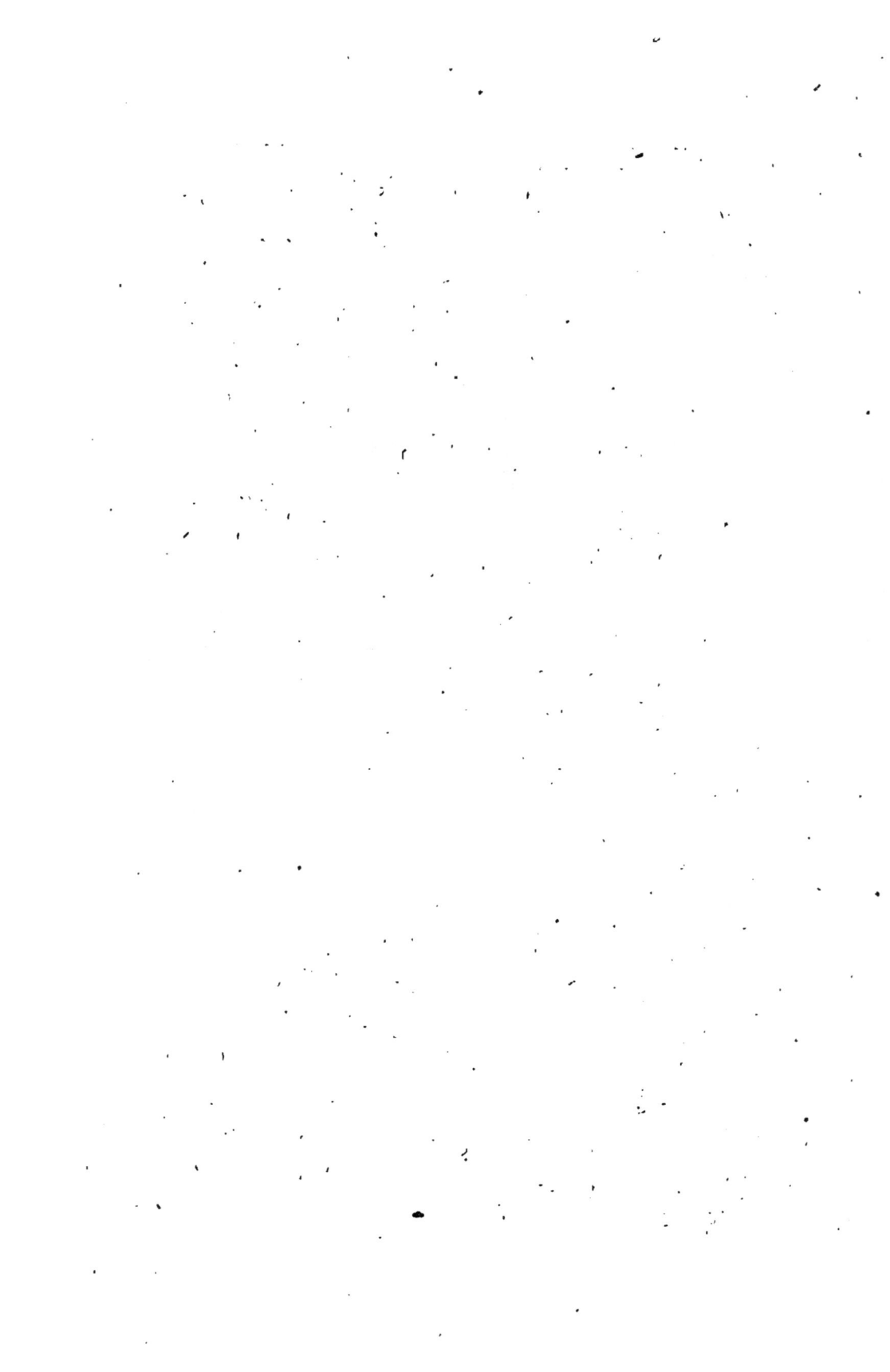

baigneurs, des objets en albâtre de Volterra, comme étant faits avec des marbres pyrénéens. J'ai amené un vendeur de Bagnères-de-Luchon à me faire cette confidence, et j'ai vu aussi à Naples de naïfs touristes acheter des coupes en serpentine de Toscane, les croyant, sur la foi du marchand, en lave du Vésuve. Que de choses qui ne s'achètent que pour l'étiquette qu'elles portent !

Les carrières de marbre de Carrare sont non moins intéressantes à visiter que celles d'albâtre de Volterra. Je les ai plusieurs fois parcourues en 1863-64, et rarement course géologique m'a fait un plus grand plaisir.

Les montagnes voisines de Carrare sont coupées d'anfractuosités profondes aux pentes desquelles sont attachées les carrières. Les trois principales de ces coupures naturelles portent les noms de *Ravaccione, Canal-grande* ou *Fantiscritti*, et *Colonnata ;* elles se ramifient derrière Carrare comme les branches d'un immense éventail.

La vallée de Ravaccione est surtout intéressante à visiter ; elle est à 3 kilomètres de Carrare, tandis que Fantiscritti et Colonnata partent presque des faubourgs de la ville.

On trouve à gauche de la route le gracieux village de Torano, hardiment perché sur une hauteur, et dont la vieille église et les toits de tuile se détachent sur le fond du tableau.

Au pied du riant coteau sont des scieries et des

frulloni[1] d'une construction toute primitive. Les appareils sont mis en mouvement par une roue pendante ou une grossière turbine qui empruntent leur force à l'eau du torrent.

On passe devant une vallée transversale, celle de Pescino, où sont aussi de nombreuses carrières. On les laisse derrière soi, et bientôt on arrive à une première exploitation, — *la Mossa*, — qui marque la première étape dans le parcours des travaux de Ravaccione.

C'est de là, ainsi que de la carrière voisine de la Betluglia, que l'on tire le marbre statuaire le plus renommé aujourd'hui à Carrare. Il ne se vend pas moins de vingt francs le palme[2], soit douze cent quatre-vingts francs le mètre cube, sur les lieux, à pied d'œuvre.

Le jour où je visitai l'excavation, un beau bloc de 800 palmes gisait à terre, attendant les bouviers.

La valeur du statuaire indique le haut prix que l'on attache à un bloc bien homogène et cristallin, pur et sans mélange, et les bénéfices élevés qu'en peut procurer l'exploitation.

---

[1] Mécanisme à polir les dalles de marbre.

[2] Le palme est une ancienne mesure d'Italie dont on se sert exclusivement aujourd'hui dans le commerce des marbres. Le palme linéaire de Gênes, le seul adopté, vaut environ $0^m,25$ ou un quart de mètre; il faut donc 64 palmes cubes pour faire un mètre de volume. Le mètre cube de marbre est estimé en moyenne à 2,650 kilogrammes, soit un peu plus de 41 kilogrammes au palme.

Fig. 6. — Incendie de la houillère d'Astley, près Manchester (Angleterre).

Le marbre blanc clair descend bien vite à des prix moitié moindres, et cependant le coût de l'extraction et du transport est absolument le même que pour le statuaire.

Si l'on continue à remonter dans le vallon de Ravaccione, on rencontre à Polvaccio une ancienne carrière romaine qui a fourni jusqu'à ces derniers temps un marbre statuaire très-renommé. C'est de là que les Romains ont tiré le marbre du Panthéon, de la colonne Trajane, de l'arc de triomphe de Titus, et de celui de Septime Sévère. L'Apollon du Belvédère est également en marbre de Polvaccio. Les blocs qui ont servi à Michel-Ange pour le David et pour les célèbres statues allégoriques couchées, qui ornent les tombeaux de Julien et de Laurent de Médicis ont été aussi extraits de ces carrières. Enfin on peut citer encore, comme sculptés en marbre de Polvaccio, le Neptune de l'Ammanati et le groupe d'Hercule assommant Cacus qui ornent la place du Palais-Vieux à Florence.

On ne dit pas si c'est à Polvaccio que s'adressa Louis XIV, mais nous savons que les marbres blancs du tombeau de l'empereur, une des constructions modernes qui en ont consommé le plus, ont été tirés de Colonnata, qui a aussi fourni beaucoup de marbre aux Romains.

Le roc conserve encore la trace des outils d'extraction. La marque horizontale que le travail a laissée sur la pierre de distance en distance indique

bien le mode d'exploitation adopté par les anciens.
On dégageait la masse sur cinq de ses faces. La face
antérieure, la face supérieure et les deux faces latérales étaient préparées par la précédente excavation ; la face postérieure était ouverte à la poin-
terolle ; enfin, avec le ciseau, des pinces et des coins,
on faisait sauter le bloc, en dégageant violemment
la face inférieure.

Jusqu'au dix-septième siècle, ce mode d'opérer
a été en usage dans l'exploitation du marbre. A
cette époque, la poudre a été appliquée aux mines
et aux carrières. Les acides qui attaquent et dissol-
vent les calcaires sont ensuite venus faciliter l'action de la poudre. En versant de l'acide sulfurique
(vulgairement huile de vitriol) ou encore de l'acide
chlorhydrique ou muriatique, dans le canal ménagé
par le fleuret du mineur, on en a singulièrement
agrandi le fond : on a formé ainsi une véritable
poche qui, chargée de quantités considérables de
poudre, a détaché des blocs énormes. A Marseille,
pour les travaux du nouveau port et le nivellement
de l'ancien lazaret ; au Theil, près de Montélimart,
dans l'extraction des calcaires à ciment et à chaux
hydraulique, on a disloqué des montagnes entières.
La poudre, employée par centaines de kilogrammes dans les chambres ouvertes par les acides, a fait voler en éclats des centaines de mètres
cubes de rocher dans une seule explosion. On
a procédé par de véritables fourneaux de mine

Fig. 7. — Vue des ardoisières d'Angers.

comme quand il s'agit de faire sauter des cita-
delles.

A Carrare, à Seravezza, on n'a point à opérer sur
une aussi grande échelle, mais souvent cinq ou six
mines profondes y sont allumées du même coup.
Le bruit épouvantable de l'explosion est répété par
tous les échos, et court de vallons en vallons comme
les grondements du tonnerre. Le bloc, soulevé en
l'air, retombe lourdement et roule sur les flancs
abrupts de la carrière.

On charge jusqu'à plusieurs kilogrammes de poudre à la fois dans le même trou, et l'on y met le feu
au moyen d'une mèche de sûreté. Ces mines à l'acide
sont appelées par les ouvriers *mines à la française*,
parce que l'usage en est passé de France en Italie.

Le point supérieur de l'exploitation dans la vallée
de Ravaccione est à 650 mètres au-dessus du niveau
de la mer.

Les chars à bœufs arrivent jusqu'au pied des dernières carrières par une bonne route, et le long du
chemin on les rencontre qui se suivent à la file, se
croisent, les uns montant à vide, les autres descendant les blocs.

Pour arriver aux points de chargement, on a ménagé, sur les diverses carrières, des plans inclinés
pavés en marbre, sur lesquels les masses sont des-
cendues. On en modère la course au moyen de
câbles, et elles glissent sur des rouleaux savonnés.
Ceux-ci fument ou s'enflamment sous le frottement

du marbre, comme les supports sur lesquels se meut
le navire qu'on lance à la mer.

La descente naturelle des blocs n'a lieu que de
la carrière aux plans inclinés. Le trajet est court, le
différence de niveau assez faible.

Le lieu où se trouvent les dernières exploitations
de Ravaccione porte le nom caractéristique de la
Concha, parce qu'en cet endroit la vallée, partout
fermée, présente la forme d'une conque.

Le paysage est d'une désolante aridité. Pas un
arbre ne pousse sur ces calcaires dénudés; on y
distingue à peine quelques herbes, et çà et là quelques mauvaises cahutes en pierres sèches, servant
de refuge aux ouvriers.

L'agriculture n'a que faire ici. Jusqu'aux points
les plus élevés sont étagées des carrières. La qualité partout exploitée est le marbre blanc clair ou
ordinaire et le veiné passant au bleu. Il n'y a plus
de statuaire. A Carrare, cette qualité se tient volontiers vers le bas des vallées, à l'inverse des carrières voisines de Massa et Seravezza, où elle semble
affectionner les hauteurs les plus inaccessibles.

L'aspect que présente la *Concha* est des plus animés; il résume bien le spectacle auquel on a assisté tout le long du chemin en remontant le Ravaccione. Partout des carrières en exploitation.
Une armée d'ouvriers est occupée autour des blocs
pour l'extraction, le sciage, la descente, le chargement. Quand vient midi, tous se réunissent frater-

nellement, au soleil en hiver, à l'ombre en été,
pour faire en commun un frugal déjeuner. Il n'y a
guère d'inimitié entre les ouvriers de deux carrières rivales, et quand souvent les patrons se
jalousent ou se poursuivent dans des procès sans
fin, les ouvriers, heureusement rebelles à l'usage, ne
croient pas devoir prendre parti dans ces querelles.
Aussi bien le dangereux métier de carrier compte
assez de victimes déjà sans qu'on aille encore en-
sanglanter les chantiers par des rixes meurtrières.

Au-dessus des ouvriers sont les chefs des travaux,
sorte de tâcherons qui se chargent d'ordinaire, pour
un prix fixé d'avance, de l'extraction du marbre.
Ils traitent ensuite avec les simples carriers, soit à
la journée, soit à la tâche, épargnant ainsi au patron le souci des menus détails et des discussions in-
terminables avec l'ouvrier. Le patron, propriétaire
ou locataire de l'excavation, ouvre un compte courant à son entrepreneur. Au crédit passe le nombre
de palmes extraits, au débit figurent les avances
faites en poudre ou autres fournitures et en argent.
On traite généralement à tant le palme rendu au
bord de la mer, à la marine de Carrare, et l'entrepreneur doit, par conséquent, s'occuper encore de
l'engagement des bouviers.

L'exploitation du marbre est de beaucoup plus
importante à Carrare que dans les localités mar-
brières voisines, Massa et Seravezza. A Carrare, le
nombre des ouvriers directement attachés aux car-

rières est de deux mille cinq cents environ. Un millier d'hommes sont, en outre, employés au transport, à l'expédition et à la mise en œuvre des marbres : bouviers, portefaix de la marine, scieurs, ouvriers des usines ou des ateliers, tailleurs de pierre, etc.

En 1863, on estimait le montant de l'extraction annuelle, à Carrare, à 1,500,000 palmes ou, en nombre rond, 60,000 tonnes [1].

La production réunie de Massa et de Seravezza était les deux tiers de celle de Carrare, soit 40,000 tonnes, dont 25,000 pour Seravezza et 15,000 pour Massa. En ne comptant que la part afférente à Carrare, c'était une somme de quatre millions de francs répandue dans le pays. Aussi chacun est satisfait, personne ne se plaint : l'ouvrier est heureux, le patron s'enrichit et tout le monde vit des marbres.

La commune de Carrare renferme aujourd'hui vingt mille habitants, et, dans ce nombre, pas un malheureux. La population augmente encore tous les jours.

Le statuaire, le marbre blanc clair et ordinaire, le blanc bleuâtre sont les seules qualités qu'on rencontre à Carrare ; le turquin (bleu) commun ou fleuri et la brèche, que Seravazza produit en si grande abondance et de si belle qualité, manquent

[1] On sait qu'il faut 64 palmes pour faire 1 mètre cube, et que le mètre cube pèse 2,650 kilogrammes, ou 2 tonnes 2/3.

complétement à Carrare et à Massa. Cette dernière localité est toutefois en grand progrès depuis quelques années, et l'on y voit de magnifiques établissements de marbrerie.

La plus belle de toutes les scieries de Carrare appartient à un Américain, M. Walton; elle ne renferme pas moins de douze châssis pour le sciage des marbres. Ils peuvent marcher à la fois et portent jusqu'à trente lames chacun. Les blocs sont amenés sous les châssis sur des rails. Un filet d'eau, promené au-dessus de chaque scie par un mécanisme automatique, arrose, dans son mouvement de va-et-vient, la surface supérieure des blocs, en empêchant ainsi l'échauffement du fer contre le marbre. Une roue hydraulique noyée, à réaction, en un mot une turbine du système le plus perfectionné, met toutes les scies en mouvement.

Tout cet ensemble est disposé dans un vaste bâtiment, bien dessiné, sous une élégante charpente.

A Massa, à Seravezza, on rencontre également de fort belles scieries, mais les principaux produits de Seravezza sont les *marmetti* ou carreaux de marbre pour parquets.

L'ouvrier les prépare bruts à la carrière, en frappant avec la masse sur le petit côté des blocs, de manière à les fendre en longueur.

Les blocs ainsi travaillés sont ceux qui présentent déjà des fissures ou des joints naturels, mais il n'en faut pas moins une très-grande habileté pour détacher les pavés. Le coup d'œil rapide du carrier lui fait deviner les plus imperceptibles fissures, dont il sait très-bien profiter.

Les carreaux sont ensuite refendus en largeur avec le ciseau, et amenés de la sorte à la forme voulue. Alors on les porte à l'usine, où commence le travail de la meule ou *frullone*.

Qu'on s'imagine un axe vertical, un arbre, comme on dit en mécanique, monté directement au centre d'une roue hydraulique. Celle-ci est le plus souvent assez grossièrement installée. L'eau du torrent vient battre contre ses cuillères, et l'appareil se met en mouvement.

A l'axe vertical sont attachées deux poutrelles en croix régnant sur toute la largeur d'une auge circulaire. Dans chacun des compartiments ainsi formés, on dispose un certain nombre de *marmetti* reposant par la face à polir sur une meule gisante en pierre. Quand l'arbre se meut, il entraîne ainsi poutrelles et carreaux. On jette du sable sur la meule, qui reste fixe, et le frottement polit le marbre.

Cette fabrication et ce polissage des carreaux sont des plus répandus à Seravezza, mais presque nuls à Carrare, où l'on ne voit que quelques polissoirs établis le plus souvent dans la campagne, tant bien que mal.

Le port d'embarquement des marbres à Carrare présente un aspect des plus animés. Partout sur la

plage ce ne sont que blocs de marbre, et dans la
rade, quand le temps est beau, navires qui atten-
dent ou complètent leur chargement. Un magnifique pont-embarcadère, monté sur pilotis, a été
construit par M. Walton. Il s'avance au loin sur la
mer, et permet aux plus gros navires de recevoir
directement les blocs en se rangeant le long du
pont qui forme quai. Cela vaut mieux que le système primitif des *lancie* ou balancelles en usage à
Seravezza. Le tablier du pont est d'ailleurs muni
d'une voie ferrée sur laquelle roulent les wagons
portant les marbres. Des grues en fonte, manœu-
vrées par des roues dentées, prennent les blocs
dans les wagons et les amènent lentement à fond
de cale.

De la plage de Carrare, les navires vont à Gênes,
à Livourne, à Marseille, les trois principaux entrepôts des marbres dans la Méditerranée. Près de la
moitié de la production totale va aux États-Unis, le
pays qui consomme le plus de la pierre de Carrare.

A Marseille, il y a de grandes usines pour le
sciage et le polissage des marbres, puis de nombreux ateliers pour la mise en œuvre. Les qualités
qu'on y travaille sont non-seulement celles d'Italie,
mais encore toutes celles du midi de la France, notamment le blanc verdâtre ou marbre campan des
Pyrénées, le rouge cerise ou griote du Languedoc,
la brèche de Tholonet près d'Aix, connue sous le
nom de *brèche d'Alep*.

On y travaille aussi le beau marbre veiné de l'Algérie, l'onyx, aujourd'hui si connu à Paris, enfin les marbres de Belgique, le noir de Liége, la lumachelle, le petit granite de Mons, etc.

De tous ces marbres on fait surtout des chambranles de cheminées, des socles de pendules, des dessus de tables, des coupes.

Aucun autre pays que Carrare, Massa et Seravezza n'expédie de marbres blancs ou bleus. Les carrières jadis si fameuses des Grecs sont depuis longtemps épuisées, ou du moins n'attirent plus l'attention de l'Occident. Quant aux anciennes carrières que les Romains, et avant eux les Étrusques, avaient également exploitées en Italie en même temps que celles de Carrare, par exemple à l'ile d'Elbe et à Campiglia (dans la Marèmme toscane), on a vainement essayé de les reprendre. Plus d'une fois on a voulu rouvrir des travaux à Campiglia, où toutes les variétés de Carrare et de Seravezza se retrouvent. Le marbre statuaire y est aussi beau, plus beau même en certains filons, puisqu'il rappelle, par la texture lamelleuse et la translucidité sur les bords, le marbre de Paros, qui donne aux chairs tant de souplesse ; mais ces travaux n'ont pas réussi, bien que les difficultés de transport soient moindres à Campiglia qu'à Carrare.

Cosme Ier d'abord, puis une société livournaise, il y a quelques années, ont successivement échoué. Récemment une nouvelle compagnie s'est formée.

Sera-t-elle plus heureuse que ses aînées? Pour notre part, nous croyons qu'une industrie comme celle des marbres, assurée à Carrare par une durée de vingt siècles, ne peut être ainsi déplacée tout à coup. Au reste l'eau, si nécessaire au travail du marbre comme on le pratique aujourd'hui, manque presque complétement à Campiglia.

En Afrique, à Filfila, de magnifiques veines de statuaire, jadis largement excavées par les Romains, ont également tenté, mais sans plus de succès, les efforts d'une société d'exploitants. Malgré le droit énorme de près de cinquante francs par tonne qui pesait alors sur l'entrée des marbres en France, droits dont les marbres de Filfila avaient été exonérés, la société africaine n'a pu tenir contre la concurrence de Carrare. Le gouvernement italien fait, du reste, tous ses efforts pour encourager le commerce et l'exploitation des marbres. Tous les droits plus ou moins onéreux qui avaient été établis sous le dernier gouvernement ont été supprimés. De plus, aucune loi, aucun règlement administratif, aucune surveillance gênante de la part de l'État, n'apportent de restriction au travail libre des carrières. Les droits de douane à la sortie des marbres et les droits de péage pour l'entretien des routes ont été réduits au minimum, à 2 francs la tonne de 1,000 kilogrammes, soit environ 5 francs le mètre cube. En signant le traité de commerce avec la France, le roi d'Italie a de plus demandé la suppression des droits énormes qui grevaient chez nous, à l'entrée, les marbres statuaires de Carrare, comme si nous avions eu quelques exploitations rivales à protéger. Aujourd'hui ces marbres sont exempts de tous droits, et l'on ne paye plus à Marseille que 10 francs par tonne pour l'entrée des autres qualités. Le fret de Carrare à Marseille est encore assez élevé : de 16 à 20 francs la tonne, suivant les cas.

Le chemin de fer du littoral tyrrhénien est maintenant terminé jusqu'à la Spezzia. Dès qu'un embranchement sur Carrare, qui est à l'étude ou même commencé, aura rejoint la station d'Avenza, le prix du transport des marbres diminuera de moitié, et les propriétaires des carrières échapperont surtout aux exigences des *facchini*, ces insolents portefaix de la plage.

Massa et Seravezza pourront voir également les blocs descendre des carrières sur des embranchements ferrés ou de simples *tram-roads*[1], et arriver ainsi jusqu'à la Spezzia traînés par la locomotive. Là, dans ce magnifique golfe où la nature a tracé d'avance le plus beau port de l'Italie, les marbres s'embarqueront à prix réduit, et souvent comme lest, pour tous les ports de la Méditerranée et tous ceux de l'Atlantique.

Après avoir si longuement parlé des marbres de

---

[1] Chemins à l'américaine, comme celui de Paris à Versailles, par le Cours-la-Reine.

Carrare, il faut dire un mot des marbriers ou, si l'on veut, des artistes qui mettent les matières en œuvre.

Un des plaisirs les plus vifs qu'éprouve le voyageur quand il arrive dans une ville qu'il voit pour la première fois, c'est d'aller seul à la découverte. A Carrare, ce plaisir est encore augmenté par l'intérêt qui s'attache à l'industrie même des habitants : tous sont marbriers ou sculpteurs. Les *études* [1] vous arrêtent à chaque pas, portant sur une plaque de marbre, au-dessus de la large porte d'entrée qui donne sur la rue, le nom du *professeur*. A côté des études sont les ateliers plus modestes des simples marbriers, ébauchant dans le marbre blanc bleuâtre, que le pays produit en si grande abondance, les baignoires, les mortiers, les vases, les balustrades et les statues de jardin. Les vibrations métalliques du ciseau d'acier résonnant sur la pierre frappent l'oreille à chaque pas, et parfois on entend aussi le grincement monotone de la scie glissant à travers un bloc qui interrompt le passage au détour d'une rue. La lame de fer, montée sur un châssis vertical que retiennent des cordes latérales, va et vient, manœuvrée par le scieur nonchalant. Bien que payé suivant la besogne faite, c'est-à-dire à tant le palme d'avancement, l'ouvrier ne se hâte guère. Il sait d'ailleurs que la scie descend lentement, de quel-

---

[1] A Carrare, à Massa, on dit une étude de sculpteur, comme en France une étude de notaire.

ques centimètres par jour au plus. Avant tout, il aime ses aises. Si la pluie ou le soleil l'incommode, il dispose au-dessus de sa tête soit une tente, soit l'*ombrello* traditionnel, qui font dès lors partie intégrante du mécanisme fixé autour du bloc.

Aux environs de la ville, le spectacle n'est pas moins curieux pour l'étranger. A chaque moment il rencontre des chars traînés par plusieurs paires de bœufs, souvent cinq et six à la fois, qui servent au transport des cubes de marbre. Ces lourds véhicules sont construits sans doute sur le même modèle que les chars étrusques de l'ancienne Luna, dont les habitants exploitèrent les premiers les carrières de ces localités. Les roues sont basses, massives, pesantes, à six rayons. Elles ressemblent à celles que Carrare porte sur son écusson, autour duquel se lit le vieux nom latin de la cité, *civitas Carrariæ*, ou la ville des Carrières. Les couples attelés, *d'un pas tranquille et lent*, promènent le bloc sur la route.

Les bouviers vont et viennent, criant, piquant violemment de l'aiguillon les pauvres bœufs, qui n'en peuvent mais. Cependant la lourde masse continue à s'avancer péniblement, ballottée dans les profondes ornières.

La route de ceinture que traversent ces chars, et qui relie la ville aux carrières, porte le nom caractéristique de *via Carrareccia*.

Quelques-unes des *études* de Carrare méritent de fixer l'attention, et les professeurs Lazzerini, Franchi, Pelliccia, Bonanni, sont cités parmi les plus connus. Tous les quatre, du reste, sont professeurs de nom et de fait, puisque, outre les leçons données à l'atelier, ils font un cours à l'École des beaux-arts de Carrare, qui relève de l'*Académie de sculpture* de la ville.

Cette académie, dont Carrare s'enorgueillit à juste titre, a formé des maîtres célèbres, et Canova le Vénitien, le célèbre Danois Thorwaldsen, ont été au nombre de ses associés étrangers.

Depuis l'époque de la Renaissance, il est du reste peu de sculpteurs qui ne soient venus à Carrare pour choisir des marbres. Les habitants montrent avec fierté la maison où descendait Michel-Ange. La ville elle-même a produit des sculpteurs célèbres : Pietro Tacca, élève, puis émule de Buonarroti, comme le dit l'inscription placée sur la façade de la maison où il est né; Carlo Finelli, qu'une autre inscription plus orgueilleuse, à peine excusable même chez ses compatriotes, appelle un sculpteur *à nul autre second*; Franzoni, qui, sous Pie VI, travailla au Vatican, enfin Tenerani, encore aujourd'hui à Rome [1].

---

[1] Carrare ne s'est pas seulement illustrée dans les arts ; elle a encore produit dans la politique et les sciences des hommes justement célèbres, comme l'économiste Rossi et le géographe Repetti.

Les maîtres contemporains fixés à Carrare, bien que n'ayant pas le renom de leurs prédécesseurs, n'en tiennent pas moins fort dignement le ciseau. M. Bonanni est dans la sculpture d'ornement d'une habileté rare, et nul mieux que lui ne sait détacher du marbre un bouquet ou une couronne de fleurs. MM. Pelliccia, Lazzerini, Franchi et d'autres sculpteurs carrarais réussissent également bien dans la statuaire, et de leur ciseau sont sorties des œuvres du plus grand mérite.

Au-dessous des maîtres vient le cortége nombreux des *faiseurs*.

Ceux-ci réduisent les statues connues, antiques ou modernes, et les vendent aux touristes de passage à des prix généralement très-modérés.

On trouve chez eux des Vénus de Milo, de Médicis ou du Capitole, des Dianes de Gabies ou des Dianes à la biche, des Hercules, des Antinoüs, des Bacchus, des Gladiateurs mourants, des Mercures, puis tout l'œuvre de Canova ou de Pradier. Tout cela se vend, s'expédie, s'exporte pour ainsi dire au poids ou au mètre cube.

C'est tant pour une réduction de moitié, tant pour une réduction d'un quart, tant pour un groupe, tant pour une statue détachée. Tout l'Olympe antique est coté, et il y a peu de différence entre les copies de deux concurrents.

Dans le nouveau monde, les deux Amériques sans

exception ; en Europe, l'Angleterre, la Russie et l'Espagne sont surtout friandes de ces produits, et les marbres ouvrés de Carrare font concurrence aux albâtres de Volterra.

Cependant, depuis que le chemin de fer, passant assez loin de la ville, a détourné les voyageurs, on se plaint d'une diminution dans la vente. Autrefois le commerce allait mieux. Au sortir de la table d'hôte où la diligence s'arrêtait, on entrait chez le sculpteur, on y trouvait tous les chefs-d'œuvre étalés, et l'on achetait une statue tout comme on eût fait à Montélimart pour une boîte de nougats ou pour une caisse de pruneaux à Tours.

Outre les statues, les réductions, les bustes-portraits, Carrare se charge encore de l'ornement : panneaux, trumeaux, chambranles de cheminées de luxe. Enfin le style funéraire lui-même n'est pas dédaigné, et plus d'un tombeau de prix, commandé par le Chili, le Pérou, la Russie ou l'Espagne, est dessiné, puis ciselé dans les ateliers carrarais.

A Carrare, tout le monde est sculpteur, plus ou moins. Il semble qu'il y ait une relation secrète, mystérieuse entre les qualités physiques et morales d'un peuple et les caractères lithologiques des terrains qu'il habite. M. A. Burat a fort bien exprimé ce fait dans sa *Géologie appliquée*; il cite à ce propos Carrare et ses marbres, Volterra et ses albâtres, et

fait justement observer que l'existence de quelques
roches propres aux ouvrages d'art peut rendre
communes des qualités rares partout ailleurs. Le
géographe Repetti, étudiant surtout le côté physique de la question, avait déjà remarqué que les
Carrarais ses compatriotes manifestaient dans leur
caractère je ne sais quelle souplesse, quelle malléa-
bilité en rapport avec celles des marbres de leur
pays.

L'habitant d'un territoire calcaire ne pense et
n'agit pas comme celui qui habite un sol schisteux
ou granitique. En France, dit avec raison un des
fondateurs de la géologie moderne, M. Élie de
Beaumont, les expressions de Provençal, Gascon,
Auvergnat, Parisien, correspondent à autant de régions géologiques différentes.

L'académie de Carrare renferme la copie de tous
les modèles antiques ou modernes de quelque renom.
C'est là que la jeunesse du pays vient se former dans
l'art délicat de l'imitation du relief par le dessin
et le moulage. Il y a aussi une école de nu où l'on
travaille d'après le modèle vivant. Enfin, ceux que
la statuaire n'attire pas étudient l'ornement, et
demandent à la feuille d'acanthe, aux griffons ailés
ou aux arabesques le secret de leurs capricieux
contours. Les élèves couronnés chaque année sont
envoyés à Rome. La municipalité carraraise et quelquefois le gouvernement italien acquittent une partie de leur pension.

On remarque, à l'académie de Carrare, un bas-relief antique fort curieux au point de vue de l'archéologie et de l'histoire.

Ce bas-relief, transporté depuis quelques années à l'académie, a été sculpté, au temps de l'exploitation romaine, sur un bloc de marbre tenant à la montagne.

La carrière d'où ce bloc a été tiré a pris, au moyen âge et a conservé le nom de *Fantiscritti* (mot à mot, soldats sculptés), à cause du sujet même que représente le bas-relief, ou plutôt de l'explication qu'en donnaient les gens du peuple.

Voici maintenant comment les artistes et les archéologues italiens interprètent généralement ce sujet. Jupiter, Hercule et Bacchus se présentent ensemble, de face. Le *père des dieux et des hommes*, reconnaissable à sa barbe et à ses cheveux olympiens, tient le milieu ; il appuie paternellement ses bras sur les épaules de ses compagnons. A gauche est Bacchus, que l'on devine au thyrse qu'il tient dans sa main [1] ; à droite est Hercule, portant la massue, couvert de la dépouille du lion.

Tous les carriers, tous les artistes de passage à Carrare, sont allés visiter ce bas-relief. Bien des

[1] D'autres y voient Mercure. Le thyrse deviendrait alors un caducée, supposition bien permise, vu l'état de dégradation du bas-relief. Dans ce cas, on aurait les trois dieux protecteurs des chemins.

sculpteurs ont inscrit leurs noms sur la pierre; ceux de Pietro Tacca, Gian Bologna, Canova semblent être d'hier. A l'élégance, à la profondeur des entailles on voit que ces noms ont été gravés par des mains habituées à tenir le ciseau. Il parait que le nom de Buonarroti se lisait également sur ce marbre, et qu'il a disparu, soit dans un éclat qui a tronqué l'un des angles, soit emporté par quelque fanatique.

Dans une autre carrière romaine près de Carrare, à Colonnata [1], l'attention des visiteurs était également attirée par les restes d'un autel votif, dont l'inscription témoigne qu'il a été dressé par Villicus, décurion des esclaves attachés aux carrières Cet autel a, depuis un an, été transporté aussi à l'académie de Carrare. Il justifie le renom dont jouissait le marbre du pays chez les Romains. Avant eux, les Étrusques ont excavé les montagnes de Carrare, et la ville de Luna, qu'ils avaient construite sur ces rivages, vivait surtout du commerce des marbres. Ce ne fut qu'à partir du temps de César et d'Auguste, quand les carrières de la Grèce commencèrent à s'épuiser, quand le Pentélique et Paros refusèrent aux maîtres du monde ce qu'ils avaient si abondamment donné à Ictinus, à Phidias et à leurs élèves, que les Romains s'adressèrent à Carrare [2]. Les mar-

---

[1] De *Colonia*, colonie, à cause de la colonie d'esclaves établie sur ce point.

[2] Pline, *Hist. nat.*, lib. XXXVI.

bres blancs cristallins de Luna reprirent leur premier renom, et, pendant plusieurs siècles, jusqu'à la chute de l'empire, fournirent à tous les artistes de Rome, sculpteurs ou architectes, la matière indispensable à leurs travaux.

A l'époque de l'invasion des barbares, l'exploitation des carrières cesse ou demeure fort languissante. Luna, qui a essayé de revivre et qui de païenne s'est faite chrétienne, est ruinée une seconde fois par le passage des hordes du Nord.

Malheur aux villes que traverse la voie Aurélienne sur le littoral de la péninsule!

C'est par là que les Goths, les Lombards, et plus tard les Normands et les Allemands, font successivement irruption. Les Sarrasins eux-mêmes viennent à plusieurs reprises porter le fer et le feu sur ces rivages. Luna, de nouveau dévastée, disparaît cette fois pour toujours, et les hommes sont sur le point de perdre jusqu'au souvenir du marbre de Carrare; mais c'est alors que Pise, avec ses valeureux enfants, commence la première la renaissance des arts en Italie. Dès le onzième siècle, il faut du marbre aux architectes pour édifier le Dôme, le Baptistère, la Tour penchée et le Campo Santo; c'est vers Carrare qu'on se tourne. Depuis lors, les carrières n'ont plus cessé d'être exploitées.

Les belles églises de Lucques, modèles d'architecture lombarde, les palais de Gênes, de Pise, sont faits du marbre de Carrare. Quand les arts ont été à leur apogée, en quelque lieu de l'Europe que ce fût, l'exploitation des carrières a atteint sa période la plus brillante, comme elle a déchu dans les moments de décadence. Le siècle de Léon X, le siècle de Louis XIV ont ainsi marqué pour Carrare, comme déjà le siècle d'Auguste, et avant lui la période étrusque, les plus célèbres époques de l'exploitation et du commerce des marbres. La prospérité des carrières a, comme de raison, marché de pair avec celle de l'architecture et de la statuaire. Louis XIV surtout a demandé à Carrare ses masses les plus belles pour orner Versailles. Le marbre pur et sans tache n'a pas été seulement réservé aux statues, on l'a prodigué dans les vasques des fontaines, dans les balustrades des jardins, jusque dans les parquets [1]. La consommation a été énorme et si, aujourd'hui, quelques-unes des montagnes de Carrare ne produisent plus de statuaire, c'est que les filons sont épuisés après des demandes si répétées, après plus de deux mille ans d'une exploitation presque continue.

Cependant la trace laissée par la main de l'homme est à peine visible sur les imposantes masses cal-

[1] A cette époque, les marbres de Carrare arrivaient en France par le Rhône. On transbordait les blocs à Arles. A Lyon, on prenait la Saône, puis les canaux, et l'on atteignait Paris et Versailles par la Seine : il fallait quelquefois deux ans pour le voyage. Aujourd'hui, par l'Atlantique et Rouen, c'est l'affaire de deux mois. Quand une voie ferrée continue reliera l'Italie à la France, le même transport ne demandera que quelques jours.

caires dont sont formés les monts carrarais, tant il est vrai que les forces de l'homme se réduisent à bien peu de chose, mises en opposition avec celles de la nature[1].

[1] Le lecteur qui voudrait avoir sur les carrières de Carrare, mais surtout sur celles de Massa et de Seravezza, que je n'ai citées qu'en passant, des détails plus circonstanciés, pourrait consulter l'ouvrage que j'ai publié sous ce titre : *les Pierres, esquisses minéralogiques*, Paris, Hachette, 1869.

V

LES CARRIÈRES DE PARIS

Les carrières de Volterra et de Carrare, que nous
venons de parcourir, fournissent des produits d'ornement; en voici de plus modestes d'où l'on n'extrait
que des matières en apparence grossières, mais qui
ne sont pas moins importantes par le nombre de
bras qu'elles emploient et par la ville qui; tout

entière, est sortie de leurs abîmes, je veux dire les
carrières de Paris.

Il faut remonter au delà du déluge si l'on veut
savoir comment ont été formées toutes les roches
que Paris tire, depuis des siècles, de ses carrières,
et qui ont servi à le construire et à l'embellir. Cette
excursion dans le domaine de la géologie est ici tout
à fait à sa place, et nous espérons que l'on ne nous
demandera pas, dès le début, comme Dandin à l'In-
timé, de passer au moins au 'déluge, car c'est par
là que cet exorde doit finir.

Le bassin au milieu duquel s'élève Paris forme
comme un immense golfe mis à sec et s'ouvrant du
côté de la Manche.

Par le travers, une large échancrure sensiblement dirigée du sud-est au nord-ouest représente
le lit de la Seine. Sur le contour resté fermé, vers
Meudon, se profile comme un rivage qu'on devine
çà et là, aux larges taches qu'il découpe sur le sol :
c'est la craie ; elle forme le fond du golfe, et c'est
sur elle que reposent tous les terrains qui portent
Paris. Ces terrains se recouvrent eux-mêmes les
uns les autres, de telle sorte que si l'on imagine le
bassin parisien réduit aux dimensions d'une coquille, ils représenteront de celle-ci des lamelles
superposées. La série des bancs se succède avec
régularité. Il en est quelques-uns qui manquent
sur certains points, mais il n'y a jamais aucun ren-
versement ; on pourrait donc les numéroter comme

les feuillets d'un livre, auxquels ils peuvent aussi se comparer.

Le golfe est maintenant comblé, recouvert par ces bancs superposés ; mais enlevons, par la pensée, les dépôts supérieurs, rétablissons les choses comme elles devaient être à l'époque où, dans une mer calme et profonde, se forma la craie. Les eaux s'étendaient alors du centre de la France au centre de l'Angleterre. C'était le déclin de la période que nous avons nommée secondaire.

Des myriades d'êtres microscopiques, les infusoires, vivaient dans la mer secondaire.

La craie, roche tendre, grenue, qui a la même composition que le marbre statuaire, celle du carbonate de chaux ou calcaire pur est formée des dépouilles de ces infimes animaux. Au milieu de la craie sont aussi des lits de silex provenant soit du passage d'eaux chargées de silice, soit des restes d'autres infusoires, à carapace siliceuse et non plus calcaire.

Des oursins, des seiches (les pieuvres d'alors), différents coquillages, quelques poissons, ont laissé leurs débris dans la craie. Enfin, on y rencontre aussi des ossements d'oiseaux de la famille des autruches ; les volatiles de nos déserts tropicaux peuplaient les lieux où devait être plus tard Paris. Ces oiseaux venaient sans doute s'ébattre sur le bord de la mer crétacée, et plus d'un, trop curieux ou trop lent, dut se trouver pris à la marée montante, et laissa, dans les lits crayeux, ses restes pétrifiés.

Quand le terrain de craie se fut déposé, la mer se retira tout à coup, ou plutôt le fond s'exhaussa par un de ces mouvements du sol, encore si fréquents aujourd'hui.

Alors commence la période qu'on nomme tertiaire.

Des eaux boueuses s'étendirent sur le sol crayeux subitement émergé, et ces eaux n'étaient plus salées, mais douces comme celles d'un fleuve ou d'un lac. L'argile qu'elles contenaient se déposa en bancs épais sur la craie. Autour de ces marécages végétaient quelques arbres du genre des palmiers ou des cèdres. Des restes de troncs à moitié carbonisés, de minces lits d'une houille sèche, friable, de couleur brune, des rognons épars de résine fossile transformée en ambre sont les derniers survivants de cette végétation antédiluvienne. Puis le sol s'affaissa, et, de nouveau, la mer envahit le golfe parisien réduit à une moindre étendue. Alors se déposèrent, dans des eaux fortement minéralisées et chargées de carbonate de chaux impur, toute une série de bancs de couleur jaunâtre, d'un grain lâche, rude au toucher, au milieu desquels d'abondantes coquilles, qui vivaient dans la mer tertiaire, laissèrent leurs empreintes. A la base, ce sont surtout des coquilles cloisonnées, rondes, plates, les nummulites, qui doivent à leur forme le nom qu'elles portent (*nummus*, en latin pièce de monnaie).

Bientôt les nummulites disparaissent, et, à la partie supérieure du dépôt, se présentent surtout les cérites en forme de cône, aux spirales décroissantes, des limaces pyramidales, comme les appelait Palissy. Des requins fréquentaient aussi ces eaux, et ont laissé leurs dents dans les lits de calcaire qui s'y formaient. En beaucoup de points on peut suivre les traces du rivage tertiaire. On les reconnaît nettement à de nombreuses cellules cylindriques, de la grosseur du doigt, que des coquilles lithophages ont laissées dans la pierre, en la perçant pour s'y loger. Ces coquilles, encore aujourd'hui, ne peuvent vivre à une grande profondeur sous l'eau, et partant à une grande distance du rivage.

Quand le calcaire coquiller s'est déposé, une seconde fois la mer se retire, ou le sol s'élève peu à peu. Le phénomène s'opère alors si lentement, que les eaux, en s'éloignant, abandonnent des bancs de sable au milieu desquels on retrouve les plus minces, les plus délicates coquilles, admirablement conservées. Blanches, nacrées, quelques-unes à peine visibles, elles gisent intactes sur le sable, comme si le flux s'était retiré tout à l'heure et allait venir les reprendre. Sur quelques points, en s'agglutinant, ces sables ont donné naissance à des grès compactes, au milieu desquels se retrouvent les mêmes coquilles admirablement conservées.

C'est maintenant le tour des eaux douces. Des

lits de marne, de calcaires argileux, pétris de coquilles lacustres et fluviatiles, se déposent au-dessus
des calcaires et des sables coquillers marins. Cette
série est surmontée de couches puissantes de gypse,
ou pierre à plâtre (sulfate de chaux), alternant
avec de nouveaux lits de marne et de calcaire
argileux. Au bord des marécages aux eaux sulfureuses où se forment ces dépôts, vivent des oiseaux,
des tortues, des crocodiles, et dans les eaux, quelques coquillages, quelques crabes et quelques poissons, qui tous laissent leurs débris au milieu des
bancs de gypse ou de calcaires marneux. C'est
aussi à cette même époque que vivaient au bord de
ces eaux, dans lesquelles ils venaient sans doute se
baigner, les kanguroos et les sarigues qu'on ne retrouve plus aujourd'hui qu'en Australie, tant les
conditions climatériques et biologiques ont changé
sur la terre depuis ces temps si reculés. Alors existaient aussi dans le bassin de Paris les paléothères,
les anoplothères, espèces depuis complétement
éteintes, tenant du tapir et de l'hippopotame, et
que Cuvier devait seul parvenir à reconstituer,
après les essais infructueux de bien des naturalistes.

Sur la vue de quelques ossements incomplets et
mutilés, retirés des plâtrières de Montmartre; le
fondateur de l'anatomie comparée, guidé par une
force de déduction peu commune, créa de toutes
pièces une nouvelle science. la paléontologie ou

science des animaux fossiles, une des plus grandes découvertes qu'ait jamais faites l'esprit humain.

Au-dessus du terrain gypseux la mer apparaît encore une fois. Des marnes vertes, jaunes, brunes, des marnes calcaires, blanchâtres, feuilletées, se déposent, et au milieu d'elles des bancs d'huîtres ; puis c'est le tour des grès et des sables marins, jaunes, ferrugineux, coquillers. Au-dessus, au milieu de flaques d'eau douce, ne formant plus que de petits bassins à la surface du sol, se précipitent enfin des roches marneuses et siliceuses. Celles-ci sont les meulières, roches dures, rayant l'acier, criblées de cavités et souvent pétries de coquilles. Ce dépôt est le troisième des dépôts d'eau douce, il y a eu également trois dépôts marins alternant avec les premiers.

Cependant la période tertiaire poursuivait, sur quelques points du pays qui devait être un jour la France, la série de ses formations. Elle donnait naissance à de nouvelles roches sœurs des précédentes, ou bien à du charbon, du sel, du soufre ou du minerai de fer. Mais alors le bassin de Paris entièrement comblé et nivelé, s'élevait définitivement au-dessus des eaux, et l'âge tertiaire s'achevait sur le globe, sans qu'aucune révolution marquante eût lieu sur ce dernier point.

Il n'en fut pas de même au début de l'âge quaternaire, celui que les géologues ont si bien nommé

le terrain diluvien, car il a vu les plus grands déluges, les plus formidables cataclysmes qui aient
jamais dévasté la terre. Une grande irruption des
eaux, venue du sud-est, sillonne alors tout le bassin
de Paris. Elle a laissé partout des traces de son
passage, d'abord en creusant le lit de la Seine, puis
en donnant aux collines et aux buttes qui s'élèvent
au-dessus du sol, le mont Valérien, les buttes Montmartre, les buttes Chaumont, leur direction principale. Elle a fait plus, elle a semé partout des
débris énormes de roches, aux arêtes parfois vives
et intactes, tant les transports ont été violents et
rapides. Quelques-unes de ces roches proviennent
des cimes granitiques et porphyriques du Morvan,
d'où le déluge semble être parti. D'autres sont
arrachées à des lieux plus voisins : ce sont des meulières de Meudon ou de Fontainebleau. On a découvert de ces dernières quelques gigantesques échantillons dans les fouilles faites au Champ de Mars en
vue de l'Exposition universelle de 1867. Profitant
de cet heureux à propos, on avait décidé que ces blocs
eux-mêmes figureraient à l'Exposition comme d'irré-
cusables témoins de l'histoire primitive de Paris ;
mais quand il fallut transporter ces masses, on ne
sut plus ce qu'elles étaient devenues. Sans doute des
maçons aux aguets les avaient mises en pièces pour
en faire des moellons.

Les partisans de cette théorie que d'anciens glaciers auraient envahi l'Europe à un certain mo-

ment de l'âge quaternaire, prétendent que les roches perdues du bassin de Paris sont des blocs erratiques charriés par les glaces, comme on en trouve tant au pied des Alpes, par exemple dans la vallée du haut Rhône ; d'autres se contentent de faire voiturer ces blocs par des glaces flottantes.

Au temps du terrain diluvien, alors surtout qu'une épaisse calotte de glace couvrait une partie de l'Europe, la Seine avait bien pu geler tout entière, puis présenter une de ces vastes débâcles comme les fleuves de l'Amérique du Nord, par exemple le Saint-Laurent, en offrent encore aujourd'hui.

Les plus timides enfin veulent que les blocs erratiques des atterrissements parisiens soient tombés sur place dans le creusement du lit de la Seine par les déluges quaternaires, et au milieu de la démolition des plateaux à meulières qui couronnaient alors tout le bassin de Paris. Ils se refusent à admettre que les glaciers se soient étendus jusque sur ce point, et comme les angles des plus gros blocs sont vifs, jamais émoussés, ils s'opposent également à faire transporter ces roches par des eaux torrentielles. Il est vrai que les mêmes géologues, hardis à leur tour, plongent, pendant une partie de l'ère diluvienne, l'Europe centrale à 200 mètres sous la mer, et toute l'Ile de France avec elle. Quel magnifique spectacle que le jour où Paris est sorti de l'eau, et quelles terribles érosions, quand toute la nappe-liquide s'est précipitée dans le lit de la Seine, trop étroit pour la contenir !

Quoi qu'il en soit de toutes ces hypothèses, il est certain qu'un grand cataclysme diluvien a marqué dans le bassin de Paris l'aurore de la période quaternaire. Les causes de ce phénomène nous sont le moins connues, bien qu'il soit le plus rapproché de nous et le dernier en date de tous ceux que nous avons décrits.

Les eaux ont alors profondément labouré le sol. Les énormes dépôts de cailloux roulés et de sables fins que l'on trouve autour de Paris, à Ivry, au Champ de Mars, au bois de Boulogne, au Pecq et dans la forêt de Saint-Germain, pour ne pas citer d'autres lieux, sont une preuve convaincante de cette grande révolution géologique. Cette révolution ce n'est pas la Seine seule qui l'a accomplie, car le fleuve est incapable, même dans les plus hautes eaux, au temps des inondations, de charrier un caillou de la grosseur de la tête, tandis que les roches transportées par les eaux diluviennes dans le bassin de Paris, par exemple certains blocs granitiques, atteignent quelquefois le poids de plusieurs centaines de kilogrammes, et que les blocs de meulières dont tout à l'heure nous parlions, mesurent plusieurs mètres cubes. Les plus petites de ces roches sont surtout des silex, arrachés à la craie, polis, roulés, et que le temps a recouverts d'une patine blanche, comme ces bronzes enfouis dans le sol qui se tapissent de vert-de-gris.

L'homme fut-il le témoin et la victime de cette effrayante catastrophe? C'est probable ; car on a retrouvé au milieu de ce dépôt quelques-unes de ces armes en silex, de forme caractéristique, travaillées par l'homme primitif. Les mammouths ou éléphants velus, les bisons, les castors, les cerfs gigantesques aux grandes cornes, qui peuplaient les forêts où devait être plus tard Paris, ont disparu également avec l'ère diluvienne. Emportés dans ce terrible cataclysme, ces animaux ont laissé leurs restes pétrifiés au milieu des lits de sable et de galets. Des molaires d'éléphants, d'énormes bois de cerf gisent là avec les outils de l'homme contemporain de ces êtres éteints. Aujourd'hui le terrassier qui découvre ces débris, est non moins étonné que le paysan dont parle Virgile, et qui ramenait sous le soc de la charrue des épées, des casques rouillés et des ossements humains provenant d'une antique mêlée.

Tels sont les événements qui ont marqué, bien avant les âges historiques, bien avant même la naissance de l'homme, sauf pour l'ère diluvienne, la formation du bassin de Paris et de la vallée de la Seine. Ce bassin a joui de tout temps, auprès des géologues, d'une grande célébrité. Les Brongniart, les Cuvier se sont plu à l'étudier dès les premières années de ce siècle, et aujourd'hui encore, c'est sur ces terrains que la plupart des géologues français et étrangers aiment à vider leurs querelles. Les élèves des écoles savantes et ceux qui suivent les cours de géologie à la Sorbonne, au Muséum, au Collége de France, sont chaque année, pendant la belle saison, religieusement conduits par leurs professeurs sur les points principaux du bassin de Paris. Un personnage original, un guide comme la France n'en produit guère, Bertrand, auquel n'est inconnu le nom d'aucune couche des terrains parisiens, quelque mince qu'elle soit, d'aucune coquille, quelque rare qu'elle puisse être, a toujours accompagné ces excursions dominicales. C'est lui qui porte dans son havre-sac, demeuré légendaire, les marteaux, les échantillons, les fossiles. C'est aussi le cicerone des étrangers ; mais, depuis quelques années, Bertrand cultive la bouteille de préférence à la géologie, et ne rend plus les mêmes services qu'autrefois. Feu M. Cordier le tenait jadis en grande estime, et Bertrand le lui rendait bien.

Reprenant la série des étages géologiques que nous avons vu se déposer, nous reconnaîtrons dans chacun d'eux des roches propres aux constructions et aux applications industrielles les plus variées. C'e t une vraie richesse souterraine, et nous pouvons faire de ces roches un inventaire détaillé.

A la base du terrain, c'est la craie, formant l'assiette sur laquelle repose tout l'édifice géologique. La craie, combinaison de chaux et de gaz acide carbonique, sert avant tout à fabriquer de la chaux par la cuisson dans des fours ouverts. Mise en présence d'un acide énergique tel que l'acide azotique ou sulfurique (eau-forte, huile de vitriol), elle dégage l'acide carbonique, élément de toutes les eaux gazeuses ; mêlée avec l'argile et la marne, et cuite avec elles dans des fours, elle donne d'excellents ciments. Elle fournit le crayon blanc, bien connu des mathématiciens ; elle entre dans la préparation du papier peint, des cadres dorés : enfin, faut-il le dire? on l'utilise volontiers, grâce à sa couleur virginale et à son peu de valeur, pour altérer les blancs de plomb et de zinc, le plâtre, le sucre, etc. Mais une matière beaucoup plus lourde, le sulfate de baryte, recueillie presque uniquement dans ce but, a détrôné quelque peu la craie dans ces glorieux emplois.

Quant aux bancs de silex que la craie renferme, ils étaient naguère fort recherchés comme pierres à fusil. Aujourd'hui, on ne s'en sert plus que pour l'empierrement des routes ou la fabrication du papier de verre.

La craie est surtout exploitée autour de Meudon. D'immenses galeries, ouvertes dans le sol comme de gigantesques cryptes, donnent accès dans les tailles où des ouvriers, armés de pics, abattent la roche en gradins. La pierre blanche est broyée dans des manéges intérieurs, conduits par des chevaux, puis lavée et purifiée dans des bassins également souterrains. Au dehors, la craie est desséchée, et de nouveau pulvérisée ou moulée en boules, etc.

Montons à l'étage qui recouvre la craie : nous y trouvons l'argile, la glaise des ouvriers, répandue en énormes bancs.

D'une couleur gris bleuâtre, rouge sur quelques points, surtout à la partie supérieure, l'argile de Paris est l'argile plastique par excellence. On l'exploite au moyen de puits et de galeries par lesquels on va attaquer le banc sous le sol, ou bien à découvert si la profondeur où gît le banc est faible. A Issy, on voit une immense exploitation conduite par cette dernière méthode.

L'argile se débite au hoyau, en blocs réguliers, tendres, malléables, très-homogènes. On en prépare, à l'aide de quelques manipulations très-simples, suivies de la cuisson, des briques, des tuiles, des tuyaux de drainage, de cheminée ou autres, des vases et des plats de toute forme. La faïence parisienne, jadis si renommée, était faite avec une variété blanche, très-pure, de cette argile, qui est encore employée à Sèvres pour divers usages. Quelques sculpteurs appliquent aussi au modelage la terre plastique de Paris.

Le calcaire coquiller qui surmonte l'argile est la pierre de taille et à moellon par excellence. Les géologues lui donnent le nom de calcaire grossier à cause de la rudesse de son grain. Certaines variétés dures, siliceuses, que l'on rencontre surtout à Bagneux, sont employées de préférence à faire des

marches d'escaliers (les marches du parvis de l'é-
glise de la Madeleine viennent de là) ; d'autres variétés, d'un tissu plus lâche, forment surtout la
pierre à filtre des ménages, indispensable aux eaux
boueuses de Paris. Mais c'est principalement aux
qualités qui en font un moellon et une pierre de
taille de premier ordre, que le calcaire grossier parisien doit le renom dont il jouit.

La pierre, poreuse, légère, grenue, prend bien le
mortier ; tendre et durcissant à l'air, elle est d'habitude peu sensible aux gelées ; elle se laisse facilement
tailler et conserve indéfiniment les moulures. Notre-
Dame est sortie tout entière des vieilles carrières d'I-
vry. Presque tous les matériaux qui ont servi à élever
les monuments parisiens sont de même empruntés
aux assises calcaires locales. Londres et Paris reposent sur la même couche argileuse, mais le bassin
de Londres est sorti des eaux avant celui de Paris
pour n'y plus rentrer, tandis que son voisin s'est baigné et exondé à plusieurs reprises, gagnant à chaque
fois de nouvelles assises. Et voilà pourquoi Paris est
une ville de pierre et Londres une ville de briques.

Pendant les siècles historiques, de Julien à Napoléon, Paris est sorti de nouveau, mais d'une autre
façon, de dessous terre, et s'est fait, on peut dire,
pierre à pierre avec les éléments de son propre sol.

Aujourd'hui, c'est grâce encore à ses innombrables carrières que Paris a pu être démoli en
quelque sorte de toutes pièces, et reconstruit

comme par enchantement. Toutefois, la mine n'est
pas inépuisable, et les carrières de quelques départe-
tement ont dû être appelées à fournir un certain
contingent. Les chemins de fer rendent aujourd'hui
ces emprunts faciles.

Tout autour de la capitale existent des vides
énormes, témoins de ces anciens travaux d'excavation, dont quelques-uns remontent peut-être à
vingt siècles..

Certains de ces vides sont au-dessous même de
Paris, sous l'ancienne Lutèce, tout autour de la
montagne du Panthéon, principalement dans le
quartier Saint-Jacques. Ils forment les catacombes,
où reposent aujourd'hui les os de trente générations
de Parisiens, transportés des cimetières des églises,
ou de l'ancien charnier des Innocents[1].

[1] L'idée d'affecter à cette destination les anciennes carrières de
la capitale est due à M. Lenoir, lieutenant général de police sous
Louis XVI. Ce fut lui qui en provoqua la mesure, en demandant la
suppression de l'église des Innocents, l'exhumation de son antique
cimetière, et sa conversion en voie publique.

Dès 1786, toutes les dispositions étaient prises dans le but d'ap-
proprier d'une manière convenable le lieu qui devait recevoir les
ossements exhumés du cimetière des Innocents, et successivement
ceux qui seraient retirés de tous les autres cimetières, charniers et
chapelles sépulcrales de la ville de Paris. L'état de ces carrières,
abandonnées depuis plusieurs siècles, la faiblesse des piliers, leur
écrasement, l'affaiblissement du sol dans un grand nombre d'endroits,
les excavations jusqu'alors inconnues des carrières inférieures, etc.,
furent autant de motifs qui déterminèrent l'administration à appor-
ter la plus grande diligence dans ces travaux. Au-dessous de chaque
rue dont les constructions s'élevaient sur le sol excavé, il fallut ou-

Les anciennes carrières abandonnées qui ne font pas partie des catacombes, sont utilisées, dans le voisinage des fortifications, pour des usages moins nobles. On y élève silencieusement des champignons, sur des lits de fumier descendus au fond des carrières. Naguère encore les contrebandiers y fonctionnaient aussi, et y exerçaient pacifiquement leur métier, avec moins de courage et certainement plus de profit que les classiques *bandoleros* espagnols.

Entrant, chargés de spiritueux, par des carrières en deçà du mur d'enceinte de l'octroi, ils sortaient au delà, dans Paris même, par d'autres carrières qui s'ouvraient dans les caves des maisons dont ils avaient les clefs. La fraude, pratiquée par ces artifices souterrains, était difficile à saisir. Les

vrir et tracer une galerie ou deux, suivant la largeur de la voie, de manière à diviser respectivement les quartiers, à isoler les massifs, à préparer la reconnaissance des propriétés, à déterminer leur étendue, à fixer leurs limites au-dessous de celles de la surface, à tracer à 30 mètres de profondeur le milieu des murs mitoyens sous le milieu même de leur épaisseur, enfin à établir un rapport intime entre le dessus et le dessous, et à créer pour ainsi dire la doublure souterraine d'une portion considérable de Paris.

C'est d'après ce système qu'on vient de pourvoir à la consolidation d'une importante section du boulevard Arago, qui est en cours d'exécution entre la place d'Enfer et la rue Mouffetard. De son point de départ jusqu'à la rue de la Santé, la voie est tracée au-dessus des catacombes. Cette circonstance a motivé la construction d'énormes piles en béton, qui supportent des arcs souterrains formant comme un immense viaduc sur lequel le boulevard tout entier est solidement assis. (*Moniteur universel* du 16 mars 1868.)

droits réunis y mirent enfin bon ordre en appelant à leur aide les mines et les ponts et chaussées. Les ingénieurs chargés de la surveillance des carrières firent rentrer toutes les caves douteuses dans le service des catacombes et les murèrent à jamais.

Les bancs calcaires qui couronnent les assises à pierre de taille et à moellon, et qui appartiennent à la même formation que celles-ci, sont argileux, désagrégés, et portent chez les carriers le nom de *caillasses*. On les emploie avec quelques bancs inférieurs, de qualité médiocre, dans la fabrication du ciment ou de la chaux maigre. On tire parti de tout, et les calcaires se prêtent, comme on voit, aux emplois les plus variés.

Les principales carrières actuellement exploitées sont disséminées autour de Paris, surtout sur la rive gauche de la Seine. A Ivry, à Arcueil, à Montrouge, partout dans la campagne s'ouvrent les orifices des puits souterrains ou les abîmes béants de vastes excavations à ciel ouvert. Les puits sont couronnés de gigantesques roues à chevilles, au moyen desquelles une grappe d'hommes, les pieds sur les chevilles, fait remonter, par un câble qui s'enroule sur l'axe de la roue, les monolithes abattus sous terre, et soulevés sur leurs assises naturelles avec des pinces et des coins. Les hautes roues verticales des puits de carrières, armées de leurs rayons, et sur leur pourtour, de leurs chevilles, prêtent à la campagne un aspect original et même étrange.

Avançons, élevons-nous encore dans la série
géologique. Les sables qui dominent le calcaire
grossier, servent dans la verrerie et dans la confection des briques réfractaires, celles que ne saurait
fondre le feu. Naturellement agglutinés, ces sables
donnent aussi des grès très-durs, exploités pour
le pavage, notamment à Beauchamps (Seine-et-Oise).

Le calcaire lacustre déposé sur ces sables et ces
grès marins n'est susceptible d'aucun emploi. Des
lits fissurés de marne, de calcaire impur, qu'on
peut suivre dans les fouilles que les embellissements
récents de Paris ont fait ouvrir autour du boulevard
Haussmann et de l'arc de triomphe de l'Étoile, sont
un embarras pour les terrassiers eux-mêmes, qui
ne savent que faire de ces matériaux désagrégés,
émules des plus mauvais décombres.

Le gypse qui succède à ces bancs calcaires les
remplace avantageusement, car ce n'est autre que
la pierre à plâtre. Comme pour l'argile et la pierre
de taille, les carrières sont souterraines ou à ciel
ouvert. La masse est abattue à la poudre (fig. 8).
Souterrainement on la découpe en piliers que l'on
démolit par un des angles, et qu'on remblaye soi-
gneusement. Telle plâtrière avec ses longues galeries, ses chantiers d'abattage, ses chemins de fer
intérieurs sur lesquels roulent les wagons, rappelle
en petit une mine de houille.

Non moins que la pierre de taille et le calcaire
grossier, le plâtre parisien est renommé, et sous le

nom de gypse de Montmartre fait concurrence, sur
bien des marchés lointains, aux plâtres les plus célèbres. Comme la pierre calcaire, on peut dire que
la pierre à plâtre est exploitée à Paris de temps immémorial, ou au moins depuis près de vingt siècles,
depuis le jour où les soldats de César vinrent serrer
si fortement la main aux *Parisii* de Lutèce, qu'ils ne
l'ont plus lâchée depuis.

Au moyen âge, le plâtre parisien servait à relier
entre eux les pans de bois dont les vieilles maisons
du pauvre de Paris sont encore faites. On l'employait
aussi comme aujourd'hui, grâce à sa blancheur immaculée, pour tous les badigeonnages et moulages
intérieurs. L'histoire ne dit pas si dès lors, comme
à notre époque, les plâtriers italiens venaient dans
la capitale mouler avec cette matière si pure leurs
pieuses statuettes. Dante, qui a étudié à Paris et qui
nous parle des banquiers lombards déjà établis chez
nous de son temps, ne mentionne pas les mouleurs
péninsulaires.

Il faut croire qu'ils ne seront venus que plus
tard, après la Renaissance, quand le réveil de la
sculpture aura donné au peuple le goût des blanches *figulines*. Aujourd'hui, ces artistes nomades,
établis autour de Montmartre, à Belleville, à la Villette, moulent clandestinement avec le plâtre toutes
sortes d'objets d'art. Tantôt ce sont des Vénus de
Milo, des Dianes de Gabies, tantôt, des Saintes
Vierges et des Saints Josephs, tout cela au plus bas

Fig. 8. - - Travail à la poudre dans les carrières.

prix, car les mouleurs n'ont pas à payer la réduction Collas, et souvent même évitent la patente.

Ces artistes étranges, qui parlent la langue dantesque, qui de nous ne les a rencontrés le soir, sur les boulevards, le long des quais, portant tout leur musée sur leur tête ou l'étalant à poste fixe ?

Les parapets des ponts et la grille de certains hôtels, dans le quartier Bréda par exemple, sont leurs stations favorites.

Arrêtez-vous, vous qui passez insouciant, regardez leur exposition, souvent elle en vaut la peine, et reconnaissez dans toutes ces statuettes l'emploi aussi heureux qu'utile d'un des matériaux les plus communs et les plus purs du terrain de Paris, le gypse ou pierre à plâtre, à la couleur d'un blanc neigeux, quand il a subi la cuisson.

C'est dans des fours ouverts qu'on cuit le gypse, comme la pierre à chaux, ou plutôt en tas énormes. Sous ces tas, protégés par une toiture portée sur deux murs, on ménage des voûtes pour jeter les broussailles ou les fascines qu'on allume. Le plâtre, dans cette calcination, perd son eau. Quand on le gâche, il se recombine avec elle, car il a pour l'eau une sympathie naturelle, et cette combinaison est accompagnée d'un passage à l'état solide, ce qui explique l'emploi du plâtre dans le moulage, le badigeonnage, etc.

Pour la chaux, un phénomène à peu près analogue s'opère. Par la calcination, le calcaire perd son eau

et son acide carbonique, et passe à l'état de chaux
vive. Celle-ci, éteinte au moyen de l'eau, et mêlée
avec du sable siliceux, s'empare de la silice, et
donne un hydrate et un silicate de chaux solide qui
fait prise avec la pierre, et souvent se combine avec
elle. Admirables phénomènes que ces décomposi-
tions et ces reconstitutions chimiques, que les
anciens avaient par hasard découvertes, et que la
science de notre temps a seule permis d'expliquer,
et dès lors de provoquer, de modérer, suivant le
but que l'on veut atteindre !

Le plâtre de Paris est employé non-seulement
dans les constructions et dans les arts, mais aussi
au plâtrage des terres. Il s'en fait pour tous ces
usages une énorme consommation.

Pour les besoins de l'architecture parisienne,
dans l'enceinte des fortifications seulement, le chiffre de la consommation ne s'élève pas à moins de
6 millions d'hectolitres ou, si l'on veut, 600 millions de litres : c'est le double en volume de tout
ce que Paris consomme de vin.

Les marnes vertes et bariolées qui forment le toit
du terrain gypseux, sont presque partout exploitées
en même temps que le gypse, ainsi à Montmartre,
aux carrières dites d'Amérique, près les buttes
Chaumont, à Pantin, et sur la rive gauche de la
Seine, à Antony, etc.

Ces marnes, soit seules, soit mêlées à de la pierre
à chaux, servent principalement, par la cuisson, à

fabriquer du ciment et de la chaux hydraulique.

Ici se retrouvent les applications industrielles de la chimie dont il était question tout à l'heure. Un nouvel élément intervient dans la prise du mortier, c'est le silicate d'alumine, aqueux ou non, qui se mêle au silicate de chaux ; le tout donne le ciment ou mortier hydraulique, qui fait prise instantanément dans les endroits humides et sous l'eau elle-même, fût-ce l'eau de mer, pour certaines variétés.

Le ciment romain, la pouzzolane volcanique, sont désormais détrônés ; ce sera la gloire d'un ingénieur français, M. Vicat, d'avoir à notre époque fait le premier cette grande découverte, et donné des moyens certains, infaillibles, pour y arriver partout. Les terrains parisiens ne sont en rien dépourvus au point de vue des matériaux de construction, et l'on fabrique, surtout avec les marnes vertes, des chaux hydrauliques et des ciments justement appréciés.

Faut-il continuer à dérouler ce catalogue de la richesse souterraine de Paris?

Parlerons-nous des meulières, des sables jaunes ferrugineux et des grès supérieurs, les premières employées non-seulement comme meules de moulins[1], mais encore dans la bâtisse comme moellons d'excellent choix, durs, caverneux, faisant corps

[1] Les fameuses meules de la Ferté-sous-Jouarre, exploitées depuis plusieurs siècles, et expédiées dans le monde entier, sont comprises dans cette formation.

avec le mortier; les seconds repoussés par les *li-mousins* comme trop ferrugineux, mais admis dans les cuisines pour le polissage des cuivres, et dans tous les cafés de la capitale pour sabler les parquets ; les troisièmes, enfin, usités surtout pour le pavage.

Avec les grès de Fontainebleau, les Romains, ces grands bâtisseurs, si bons juges en fait de matériaux de construction, avaient dallé leurs chaussées autour de Paris.

Il n'y a pas longtemps qu'auprès du petit Pont, on a mis à découvert toute une voie romaine, pavée de larges plaques de grès assemblées entre elles. Elles rappelaient celles en basalte, qui recouvrent encore la voie Appienne dans la campagne de Rome. Les dalles siliceuses de l'ancienne voie de Lutèce ont été religieusement transportées au musée de Cluny, où dans un coin du jardin on a remis en place une partie de la gigantesque mosaïque.

Aujourd'hui ce n'est plus le grès ni le silex, c'est le granite, c'est le porphyre, c'est le basalte le plus dur, qu'il faut pour paver Paris, et encore l'on n'y réussit pas.

Le mouvement incessant des voitures, des charrettes, qui jour et nuit circulent dans l'active capitale, a réduit à néant toutes les prévisions, toutes les combinaisons de l'édilité de la Seine.

C'est en vain que la Normandie, le Finistère, les Vosges et l'Auvergne, ont fourni tour à tour leurs granits, leurs porphyres et leurs meilleurs basaltes.

Le grès dur de Fontainebleau a été vaincu le premier; et quant au silex, s'il use le fer des chevaux et des roues, celui-ci, par un effet de réaction forcée, de même que la corde du puits use le rebord de la margelle, le pulvérise à son tour, et le change en cette boue liquide ou en cette poussière tenace, qui fait du macadam de Paris, par les jours de pluie comme par les jours de vent et de soleil, la plus détestable des inventions. On dit que le macadam nous vient de Chine, comme la boussole, l'imprimerie, la poudre à canon. Les Chinois auraient pu le garder pour eux et la poudre en même temps.

Les cailloux roulés de silex dont on macadamise les chaussées des bouvelards parisiens sont tirés du terrain diluvien. Nous savons qu'on les exploite aussi dans les bancs de craie, d'où les eaux l'ont du reste en beaucoup de points arraché, lors de la dernière dénudation du bassin de Paris. C'est principalement sur la rive gauche de la Seine, autour du Champ de Mars et de l'École militaire, à Grenelle, que sont fouillés ces bancs puissants de sable et de cailloux roulés. D'immenses excavations sont ouvertes dans cet ancien lit de la Seine, et les ouvriers, armés de pioches, démolissent la roche déjà désagrégée. Au moyen de claies, ils séparent les galets du sable fin. Celui-ci est réservé à la fabrication du mortier, tandis que les galets sont destinés à l'empierrement des voies ou à la confection du béton, mélange de mortier hydraulique et de cailloux roulés, qui sert surtout à faire les fondations, les tympans des ponts, etc.

A Grenelle, on atteint facilement, par ces sablières et gravières, le niveau du lit actuel de la Seine. Une nappe d'eau, prolongement de celle du fleuve, filtre bientôt dans l'excavation. C'est la limite fixée au travail. On ne descend guère qu'à quelques pieds au-dessous, au moyen de dragues à main percées de trous, qui extrayent les sables et les galets, et laissent écouler l'eau.

Résumons-nous. Ce que nous pouvions déjà théoriquement prévoir par la première partie de cette étude consacrée à la géologie du sous-sol parisien, s'est de tout point confirmé : tous les matériaux que réclame le constructeur sont concentrés autour de Paris. L'argile à brique et à tuile, la pierre à chaux, à ciment, à plâtre, à moellon, la pierre de taille, le grès, le sable, le gravier, sont partout, ardemment exploités, et ont donné lieu aux plus intéressantes industries.

Il faut maintenant dire un mot des ouvriers eux-mêmes qui travaillent dans ces excavations, et parler des carriers après avoir traité des carrières. En tout, il faut s'occuper de l'homme.

On ne saurait ranger dans un même type tous les ouvriers qui travaillent aux carrières de Paris.

Ceux de la craie ne sont pas les mêmes que ceux de l'argile ; les carriers proprement dits, ceux qui extrayent la pierre de taille, ne ressemblent pas aux plâtriers, ni ceux-ci aux terrassiers des gravières. Cependant, il est un caractère commun que tous ces ouvriers ont entre eux : la plupart sont étrangers, et sont venus de Normandie, de Picardie, de Bourgogne, de Lorraine ou de Bretagne. Ce sont des ouvriers émigrants, et comme tels ils n'ont pas apporté avec eux ces habitudes d'ordre, d'économie, de stabilité, qui font les bons ouvriers. Ils sont turbulents, batailleurs, dissipent leur salaire dans le vin, observent religieusement le lundi, et se mettent volontiers en grève.

Cette armée d'irréguliers varie non-seulement avec la nature des carrières qu'elle exploite, mais encore avec chaque carrière. C'est une légion de bachi-bouzoucks, sans chefs, sans discipline. Mais, il faut le dire aussi, courageux, énergiques, susceptibles de longs efforts, ils fournissent une rude besogne, et rendent service à la société, en prêtant leurs bras à l'une des industries les plus indispensables, celle qui a pour but d'arracher au sol les matériaux de construction.

Dans cette armée du travail, les salaires sont assez élevés, et peuvent atteindre 6 francs par jour, pour les ouvriers les mieux payés. Ce salaire s'élève encore quand les ouvriers travaillent, comme ils disent, à leurs pièces, à tant le mètre cube, par

exemple. La fatigue est grande pour les premiers
ouvriers. Dans la craie, c'est le piqueur qui ménage
la *trace* (l'entaille) sur le banc; dans l'argile, le
piocheur qui, armé du hoyau, debout ou sur les
genoux, divise péniblement en mottes la terre onc-
tueuse et résistante; dans le calcaire, le *soucheveur*
qui, couché sur le flanc, excave en dessous (sou-
chève) le banc sur un de ses lits, pour le faire
ensuite tomber à vide, en porte-à-faux; dans le
plâtre enfin, c'est le mineur, armé du fleuret, fo-
rant le trou de mine qui doit faire éclater la roche.
Ce sont là les carriers d'élite. Les porteurs, les
traineurs, les monteurs, les charretiers, ne sont à
côté d'eux que des manœuvres.

Les méthodes de travail sont anciennes, et ne se
sont guère perfectionnées, bien que l'administration des mines ait eu de tout temps, c'est-à-dire
depuis un siècle qu'elle existe, la surveillance des
carrières de Paris. Mais le rôle de l'administration
n'est ici qu'indirect. Elle veille à ce que tous les
règlements de police et de sûreté soient scrupu-
leusement observés, à ce que les plans souterrains
soient tenus à jour, à ce que les limites géométri-
ques imposées aux exploitations ne soient pas dé-
passées, et qu'aucune d'elles n'empiète sur sa voisine; enfin à ce que toutes les mesures indiquées
par la science dans le remblai et le soutènement
des excavations, le tirage des mines, etc., soient
partout adoptées. Là se borne le rôle de l'admini-

stration, rôle préventif et non vexatoire, et qu'elle exerce avec beaucoup de ménagement. Elle n'intervient que très-peu, comme on voit, dans la partie technique, et laisse les exploitants à peu près entièrement libres des méthodes qu'ils veulent suivre. De là vient que celles-ci ont fait peu de progrès. Les roues à chevilles, les tours simples, à manivelles obliques, les manéges à chevaux, intérieurs ou extérieurs, sont encore employés presque partout. Pour la plupart des exploitants, anciens ouvriers eux-mêmes, la machine à vapeur et tous les perfectionnements de la mécanique moderne, tous les progrès que l'industrie minérale a réalisés à notre époque, sont considérés comme non avenus. Et tant est grande la force de la routine, que les ouvriers non-seulement ne réclament pas, mais s'opposent même à toute innovation, et cela aux portes de Paris. Hâtons-nous de dire toutefois que, sur certains points, des propriétaires de carrières intelligents ont adopté toutes les méthodes nouvelles.

Ce n'est pas seulement dans la conservation de procédés et d'appareils surannés, c'est encore dans le manque de toute opinion sur la formation des terrains qu'ils exploitent, qu'éclate l'absence de toute initiative de la part des carriers parisiens. Pour eux les oursins pétrifiés de la craie sont des *châtaignes*, les bélemnites ou pointes de seiches des *sucres d'orge*, et les coquilles fossiles du calcaire grossier, des *limaces* et des *escargots*, comme au temps de Bernard Palissy.

Que de fois j'ai voulu connaître la façon de voir de ces rudes travailleurs sur ces bancs de bivalves si répandus dans tous les lits calcaires, et n'ai pu obtenir d'eux que des réponses évasives.

— Ne croyez-vous pas, leur disais-je, que la mer a passé par là, puisqu'elle y a laissé des coquilles?

— Nous ne savons pas, c'est possible, m'ont répondu les moins ignorants.

— Ça, des coquilles, disaient les autres, ça y ressemble, mais ça n'en est pas; c'est la pierre qui les a rejetées; c'est des formes de limaces qui sont dans la pierre.

L'idée du déluge ne leur venait pas même à l'esprit.

Moi, je n'insistais pas, me rappelant qu'il y a un siècle à peine, il y avait encore dans tous ces fossiles, même pour les savants, un *ludus naturæ*, un jeu de la nature, ce que des carriers et des mineurs toscans, à l'esprit cependant bien éveillé, appellent toujours un *giocco*.

Quelques carriers parisiens, poussés à bout, prononçaient bien les mots de *tremblements*, de *craquements de la nature*, comme s'ils avaient eu une idée vague des cataclysmes qui ont présidé sinon à la formation du bassin de Paris, du moins à celle d'autres terrains, et c'était tout : ils se taisaient après avoir donné ces raisons.

Un d'eux, par hasard, se montra plus hardi que les autres. Je le rencontrai aux carrières de sable près de Meudon, dans la forêt, et nous nous mîmes à causer. C'était un ancien soldat ; il avait fait les guerres d'Afrique, puis avait été matelot. De retour à Paris, il s'était employé aux carrières.

Il avait travaillé d'abord à Montmartre et prétendait y avoir trouvé les débris d'un navire fossile. Et comme je témoignais mon étonnement :

« A preuve qu'il avait encore les plats-bords, me répondit le paléontologiste improvisé. Les navires, ça me connaît, je suis Breton et j'ai navigué. Et puis, on trouve bien des coquilles et des poissons dans ces terrains ; pourquoi pas des bateaux? »

Je me tus ; il n'y avait rien à objecter à des raisons aussi convaincantes.

Si les carriers de Paris sont pour la plupart incrédules aux données de la géologie, ils ont des traditions et des légendes auxquelles ils sont fort attachés.

En voici une recueillie à Ivry.

Un ouvrier m'avait remis un sol parisis du temps des Valois, trouvé dans une vieille excavation. Je lui recommandai de mettre à part tout ce qu'il pouvait rencontrer, lui démontrant l'utilité que cela pouvait avoir pour l'histoire locale.

— Quant à vos vieux sous, à vos vieux pics, je m'en bats l'œil, me repartit le carrier dans son énergique langage ; si c'était le liard de Pharaon, c'est différent.

— Qu'est-ce que cela, le liard de Pharaon?

— Le liard de Pharaon, monsieur, comment! vous ne le connaissez pas ?

— Pas le moins du monde.

— Eh bien, c'est un trésor perdu dans les carrières au temps du roi Pharaon, et celui qui le trouvera s'enrichira du coup.

— Bonne chance, mon brave, trouvez-le donc.

— Je voudrais bien.

Et voilà comment aux portes de Paris j'ai recueilli une légende orientale ou tout au moins franc-maçonnique.

Oserai-je, après avoir parlé des hôtes habituels des carrières, dépeindre ici ces hôtes de passage que l'on rencontre principalement autour des plâtrières, comme à Montmartre et à Belleville? Les carrières d'Amérique sont surtout fameuses par la fréquentation de ces ouvriers sans travail, pour ne pas les appeler autrement, et qui contrastent d'une façon si étrange avec les précédents.

Les galeries sinueuses et profondes des carrières leur servent d'abri, mais surtout le sommet des fours à plâtre où règne une douce chaleur et que protége une toiture. C'est là qu'ils dorment, sur la pierre qui cuit; c'est dans les boyaux souterrains qu'ils se cachent, quand la police tend ses filets et vient pour les surprendre. Le matin au petit jour, le soir à la brume, véritables oiseaux de nuit, ils quittent leur refuge pour procéder à leur industrie.

Ils vont par bandes ; deux par deux, trois par trois, l'un veille, l'autre opère. Ils enlèvent sur le pas des portes des jattes de lait pendant que la laitière tourne l'œil ; à l'étal des bouchers, des quartiers de viande ; aux devantures des épiciers, des boîtes de salaisons ; et décrochent en passant, le long des magasins de confection, une paire de pantalons ou de bottes.

Tout cela se fait de la façon la plus innocente du monde. Puis chacun revient ; on tient conseil, on troque, on partage. Celui qui n'a rien pris reçoit sa part, à condition qu'il sera plus heureux le lendemain. Celui qui a trop d'effets les échange contre des victuailles : c'est une espèce de *clearing-house*, montée sur le modèle de celle de Londres, où les banquiers de la Cité, tous les matins, échangent leurs papiers respectifs.

Ces industriels inventifs, qui ont du tien et du mien une idée si peu nette, se donnent entre eux le nom de *gouapeurs*, emprunté à l'argot parisien. C'est comme qui dirait à la fois des paresseux et des débauchés. Il y en a de tous les âges.

Un jour j'allais visiter les carrières d'Amérique. A mon approche les gouapeurs en masse décampèrent. Le moindre visage étranger les émeut à ce point, tant ils craignent la surveillance de la police.

Voyant grouiller un amas de haillons au-dessus des fours, je demandai à mon guide ce que c'était : « Ce sont les gouapeurs qui s'en vont, » et il me raconta sur eux ce que je viens de dire.

Nous nous enfonçâmes dans les galeries tortueuses pendant que j'écoutais ce chapitre détaché des vrais mystères de Paris.

Peu à peu les gouapeurs, comprenant qu'ils n'avaient affaire qu'à un visiteur paisible, revinrent. Au dehors le temps était froid, glacial, et sur le dessus des fours régnait au contraire une douce température. Je m'approchai. L'assemblée était au complet, moins un des habitués qui la veille était mort sur son four. Il s'y était endormi au lieu d'aller à la maraude. Les gaz dégagés dans la cuisson du gypse l'avaient asphyxié, et on l'avait porté à la Morgue le matin même. De tels cas arrivent assez souvent ; mais nul n'y prend garde.

Un des gouapeurs, roulé dans un vieux sarreau jaunâtre, comme un pouilleux de Murillo, grelottait de fièvre. Les autres dévoraient à belles dents des conserves, volées le matin à l'ouverture des boutiques. La sardine de Nantes, dans sa boîte d'étain, faisait surtout figure. Quelques-uns, roulés dans d'immondes couvertures qu'ils portaient pour tout vêtement, digéraient étendus par terre, ou sommeillaient à demi, comme les Arabes enivrés de haschisch.

Il y avait dans tout ce monde quelques vieillards et beaucoup de jeunes *voyous*. J'entamai la conversation. Elle prit bien vite un tour particulier qui me força à quitter la place. Je regrette de ne pouvoir transcrire ici aucune des réponses, quelque spirituelles qu'elles puissent être, que me firent mes interlocuteurs. Au temps de Rabelais, on aurait pu encore écrire de ces dialogues, pleins de gravelures ; mais aujourd'hui le lecteur français, comme déjà au temps de Boileau, veut être respecté. Toute cette canaille me fit pitié. Il n'y avait là nul sentiment, et l'on voyait qu'une paresse invétérée avait poussé au mal tout ce monde, ce nid de vagabonds précoces ou endurcis.

L'intérêt personnel empêche seul ces gens de mal faire sur les lieux où ils se réfugient. Jamais le moindre dégât aux fours ou aux carrières. De leur côté, les exploitants ne chassent pas ces voisins qui pourraient devenir encore plus incommodes, et vivent même en très-bonne intelligence avec eux. La police seule, de temps en temps, exécute sur les plâtrières d'abondantes razzias. Mais que faire ensuite de tous ces va-nu-pieds ? On les lâche quand les prisons sont pleines et que leur peccadille n'est pas grosse, et ils recommencent le lendemain, parias volontaires de la société. L'hiver, ils se tiennent autour des fours, l'été ils vont marauder dans la campagne et cueillir les premiers fruits mûrs.

Comme on le voit, l'étude des carrières de Paris peut offrir à chacun un sujet d'observations fécondes, et nous révèle un des côtés les plus variés, les plus curieux du monde souterrain.

VI

LES FILONS MÉTALLIQUES

Terrains sédimentaires et terrains éruptifs. — Terrains métamorphiques
Les filons. — Descartes et Werner. — Gîtes métalliques des périodes
primaire, secondaire, tertiaire, quaternaire. — Les filons rubannés. —
Filons de contact. — Couches métallifères. — Filons éruptifs. — Gîtes
en amas. — Gîtes d'alluvions. — Affleurement, chapeau de fer, toit,
mur, etc. — Manière d'être du minerai dans les filons. — La ligne métallifère des Andes. — Découverte des mines d'argent d'Espagne, des
mines d'or de Californie. — Une expédition malheureuse. — Le commerce des minerais et des métaux. — Les Chinois. — Brillante affaire
à Madagascar. — Cinq millions de bénéfice net !

Quand on examine les terrains dont est formée
l'écorce terrestre, on voit que les uns s'étendent
en masses plates, continues, divisées en bancs plus
ou moins inclinés et dont les joints sont parallèles. On dirait les assises d'immenses murailles.
La composition de chacune de ces couches est homogène ; ce sont des calcaires, des marnes, des
charbons, des argiles, des grès. Il est hors de doute
que ces dépôts ont été formés au milieu des eaux.

On y retrouve des restes de corps organisés, des
coquilles, des empreintes de végétaux, des ossements, ce que nous avons nommé des pétrifications ou des fossiles. Le terrain houiller est une
des plus remarquables de ces formations.

D'autres terrains se présentent, à l'inverse des
premiers, en masses abruptes, déchiquetées, s'élevant à de grandes hauteurs. Les assises superposées
ont disparu ; la roche est entièrement compacte, ou
divisée seulement par des fissures irrégulières.
Elle a un aspect vitreux, cristallin ; elle a dû passer
par un certain état plastique et avoir été soumise à une haute température. On dirait qu'elle a
émergé tout d'une pièce, de bas en haut, et s'est
fait jour à travers les dépôts précédemment décrits, dont elle a violemment soulevé les assises.
On n'y retrouve aucun reste organique, aucune
trace de la vie datant de l'époque où le terrain a
été formé. La masse est composée d'éléments hété-
rogènes ; on y distingue des cristaux de substances
diverses. A cette famille appartiennent les granits,
les porphyres, les diorites et autres roches analogues, enfin les roches volcaniques.

Les premiers terrains décrits portent en géologie, en raison de leur origine, le nom de *sédimentaires* ; les autres sont les terrains *éruptifs*. On
appelle aussi quelquefois les premiers stratifiés,
aqueux. neptuniens ; les seconds, massifs ou cristallins, ignés, plutoniens. Les désignations em-

pruntées à la mythologie étaient naguère encore
fort usitées, comme si, dans sa période hypothé-
tique, la géologie eût dû côtoyer la fable, même
dans les dénominations les plus générales imposées
aux terrains. Cela nous reporte à une époque dont
nos pères ont entendu les derniers échos, au temps
des grandes querelles géogéniques, où neptùniens
et plutoniens, ces derniers doublés des vulcanis-
tes, s'injuriaient à qui mieux mieux.

La fonction des terains éruptifs, en soulevant
les dépôts sédimentaires, a été d'aligner sur des
méridiens de hautes lignes de montagnes, et de
donner à notre globe son relief actuel. Le rôle de ces
terrains ne s'est pas borné là. Ils ont non-seulement redressé, mais encore disloqué les formations
stratifiées; ils y ont ouvert, souvent sur de très-grandes étendus, des fissures, de larges fentes, comme il
s'en produit encore dans les tremblements de terre.
Enfin le voisinage ou le contact des terrains éruptifs a changé jusqu'à l'allure et la composition
des terrains sédimentaires, qui ont été profondément modifiés, transformés, et, pour cette raison, nommés *métamorphiques*. Dans ce curieux
phénomène, certaines roches, comme les argiles,
ont pris une couleur noirâtre ou lustrée; la pression a développé en elles une structure particulière,
des fissures parallèles, des plans de stratification
trompeurs. Enfin, de nouvelles substances, le talc,
le mica, y ont été engendrées ou introduites; ainsi se

sont formés surtout les schistes micacés, talqueux, qui empruntent leur nom à l'élément nouveau qu'ils renferment, et servent comme de passage entre les terrains éruptifs et les terrains sédimentaires restés intacts.

C'est à travers les fentes des schistes ou même entre leurs feuillets que se sont de préférence déposés les principes métalliques qui constituent les filons. Mais comment s'est opéré le remplissage ? Grave problème... Platon, Aristote, mus par un esprit de divination dont ils ont donné tant de preuves, invoquaient le *feu central* [1], et leur idée fut reprise par les plus grands philosophes modernes, Descartes, Leibnitz et Buffon. D'après ces illustres naturalistes, les émanations métallifères étaient sorties à l'état de vapeurs du grand laboratoire de la nature, toujours en travail au centre de notre globe, et, montant de bas en haut, s'étaient condensées en chemin. Peu satisfaits de cette explication, quelques mineurs, marchant sur les traces d'autres savants de l'antiquité, croyaient à la formation continue des substances métallifères ; suivant eux ces principes végétaient ou se ramifiaient dans les filons, à la façon des racines des

[1] Il est aujourd'hui à peu près démontré que l'écorce terrestre porte sur une sphère liquide, sur une mer de feu, comme un radeau. En supposant le globe réduit au volume d'une pomme, la peau du fruit représente l'écorce terrestre ; les rides, les montagnes et les vallées ; la chair, la mer de feu.

plantes dans le sol. Le *Traité d'exploitation des mines* de l'Allemand Delius contient un chapitre sur la végétation de l'or.

Tel était l'état de la question, quand le mineur saxon Werner, que les neptuniens acclamèrent bientôt comme leur chef, adopta et fit longtemps prévaloir l'idée d'une formation aqueuse. Il imaginait que tous les filons avaient été remplis de haut en bas par les eaux de la surface, pénétrant dans les fissures du terrain. Cette théorie était loin de répondre à tous les faits ; aussi la plupart des géologues, reprenant la conception de Descartes, admettent aujourd'hui que le remplissage des veines métalliques s'est fait généralement de bas en haut, et que les émanations métallifères se sont déposées dans les fentes qui constituent les filons, soit à l'état de vapeurs, par *voie sèche*, comme dans les soupiraux des volcans ou les cheminées des fourneaux métallurgiques, soit à l'état de précipitations chimiques, par *voie humide*, comme dans les dissolutions de nos laboratoires.

Les terrains de la période primaire sont naturellement ceux dans lesquels se rencontrent le plus grand nombre de filons. Aucun métal ne manque à l'appel. Le granit et le porphyre sont les roches métallifères par excellence de cette période, c'est-à-dire celles dont l'apparition a provoqué l'origine du plus grand nombre de fentes et par conséquent de filons, la venue du plus grand nombre de métaux.

Les terrains de la période secondaire, comprise entre le terrain houiller et les derniers dépôts du terrain crétacé, contiennent beaucoup moins de filons que ceux de la période précédente; et, dans la liste des métaux, n'offrent guère que le cuivre, le plomb, le zinc, le fer et le manganèse.

Dans la période tertiaire le nombre, et l'étendue des gîtes sont encore plus limités ; l'éruption des porphyres a cessé depuis longtemps; celle des granits finit. Dans cet âge et dans le précédent, certains gîtes particuliers se forment, caractérisés par des roches métallifères dont l'éruption ne commence qu'alors : les roches vertes. D'autres gîtes s'étendent en couches ou en amas irréguliers dans des grès, des poudingues, au milieu même des terrains de sédiment; enfin quelques autres apparaissent violemment, tout d'une pièce, comme de véritables roches éruptives, et quelquefois mêlés intimement à celles-ci.

La période quaternaire, dont l'époque actuelle voit se poursuivre le développement, ne contient que des gîtes tout à fait spéciaux, et pour la plupart formés des débris de ceux dont nous avons parlé. Ces derniers gîtes composent surtout ce qu'on nomme les gîtes d'alluvions et les placers.

Les filons ou veines dont nous avons expliqué en premier lieu le mode de formation et de remplissage, sont les filons classiques, ceux qu'on appelle en géologie les *filons-fentes* ou les *filons-failles*[1].

On leur donne aussi quelquefois le nom de filons *réguliers*, tant à cause de leur nature que parce qu'ils obéissent à des lois bien connues ; enfin on les appelle encore filons *rubannés*, parce que leur remplissage ayant eu lieu souvent d'une manière successive, des bandes parallèles de minerai et de gangue se suivent dans un ordre en quelque sorte mathématique, et comme si chacune d'elles avait été marquée au compas. Les filons de la Saxe, du Hartz, sont, pour la plupart, des filons rubannés, et le type même de ce genre de filons.

Les fentes, dans les filons rubannés, n'ayant pas été toutes produites à la même époque, et les remplissages ayant souvent eu lieu pendant une très-longue durée, il arrive que des filons plus anciens sont rencontrés par des filons plus modernes. Généralement une faille a lieu au point de croisement, qui *rejette* le filon plus ancien. D'habitude aussi la composition des filons est différente ; les émanations métallifères ont changé de nature avec le temps.

Quand la même matière métallique remplit tous

[1] Dans la fente il y a eu simplement cassure et écartement ; dans la faille, la cassure et l'écartement ont été compliqués d'une sorte de mouvement vertical des bancs stratifiés. Les mêmes bancs ne correspondent plus de chaque côté de la fente, il y a eu *rejet ;* le terrain en quelque sorte manque, *faut.*

les filons, il n'est pas rare qu'il y ait enrichissement au point de jonction.

Le filon coupé est le filon *principal ;* le filon coupant s'appelle le *croiseur.* L'ensemble de tous ces filons, dans certaines régions métallifères, dessine sur la carte un réseau souvent très-compliqué. Les mineurs ont des règles pratiques qui leur permettent de se guider au milieu de ce dédale, de rejoindre sûrement les filons coupés par les croiseurs. Le relief général du sol n'est pas lui-même sans une certaine analogie avec l'allure souterraine des gîtes.

La direction ou alignement du filon principal concorde avec celle des grandes montagnes de la contrée, et souvent les croiseurs s'alignent sur les contre-forts ou chaînes secondaires du pays.

Les filons réguliers ont généralement une faible épaisseur, 2 à 3 mètres au plus. Quand cette épaisseur est dépassée, et que la masse du filon est composée d'une même substance dans laquelle nage, pour ainsi dire, la partie métallifère, on a ce qu'on nomme un *dike.* Ce mot qui, en anglais, signifie digue ou barrage, peint bien l'aspect que prend alors le filon. C'est un véritable mur de pierre qui s'enfonce dans le terrain, comblant l'énorme fente ouverte aux temps antédiluviens.

Les filons-fentes, bien que formant la classe la plus intéressante des gîtes métallifères, ne sont pas les seuls qu'exploite le mineur. Il y a aussi les filons

Carte V.

COUPE DE LA MINE D'OR D'EUREKA (CALIFORNIE)
dressée par L. Simonin, d'après les documens locaux

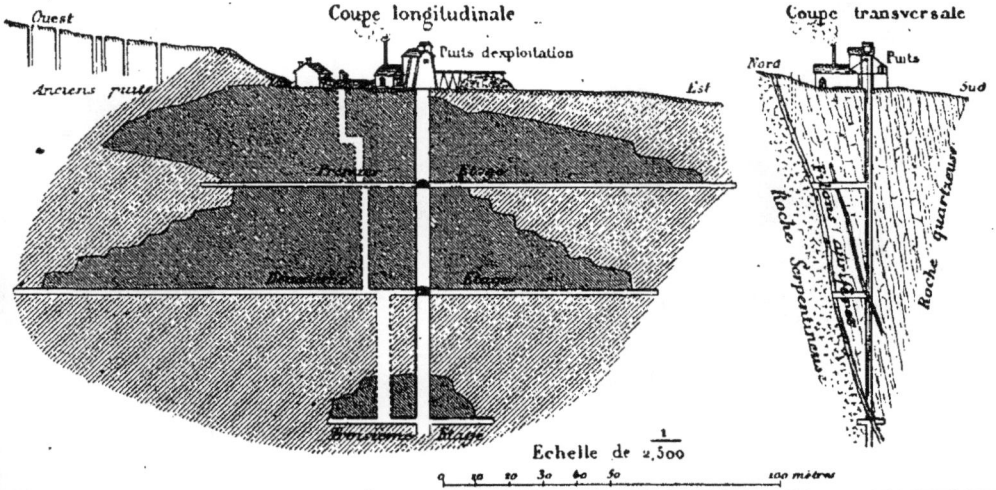

Coupe longitudinale

Coupe transversale

Ouest

Puits d'exploitation

Anciens puits

Est

Nord

Puits

Sud

Premier Étage

Roche quartzeuse

Deuxième Étage

Roche Serpentineuse

Troisième Étage

Echelle de 1/2,500

0   10   20   30   40   50   100 mètres

Dessiné par Ed Dumas Vorzet

Gravé par Erhard

de *contact*, les filons *couchés*, les filons *éruptifs*, les gîtes en *amas*, que l'on pourrait tous comprendre, sous la dénomination générale de gîtes *irréguliers* par opposition aux précédents.

Expliquons en peu de mots les traits caractéristiques de chacune de ces nouvelles formations.

Les filons de contact remplissent des fissures qui se sont produites entre la roche éruptive et la roche préexistante soulevée. Ils sont au contact des deux terrains ; de là leur nom (carte V). Ici la roche éruptive est doublement métallifère ; c'est elle qui a produit la fente, c'est elle qui a amené le métal. Les roches que les Allemands ont appelées *grunsteins*, les Anglais *greenstones*, et que les Français, suivant l'exemple de leurs confrères en géologie, auraient bien dû ranger dans une seule famille, celle des *roches vertes* (les diorites, les euphotides, les serpentines, les ophites ou ophiolites, les amphiboles, etc.), sont les roches métallifères par excellence des filons de contact. Le cuivre est le métal que cette classe de filons renferme le plus souvent.

Les filons de contact pourraient au besoin se rattacher aux filons fentes ; mais ils s'en séparent par la distribution même du minerai, toujours irrégulière, inégale, ou obéissant à des lois jusqu'ici cachées, tandis que dans les filons-fentes l'allure du gîte est normale, en quelque sorte prévue d'avance.

Les filons couchés ne forment pas une classe aussi

répandue que les deux précédentes. Ils sont caractérisés par l'existence du dépôt métallifère entre les strates mêmes des terrains de sédiment, et on les appelle *couchés* soit pour cette raison, soit par opposition aux filons-fentes, que l'on pourrait nommer des filons *droits*.

Quand les filons couchés sont le résultat d'actions particulières, comme celles qui ont amené les modifications des terrains sédimentaires, on dit que ce sont des filons *métamorphiques*. Quelques gîtes de mercure, de plomb, de cuivre, appartiennent à cette classe.

Il ne faudrait pas confondre les filons couchés avec les véritables couches métallifères que l'on rencontre au milieu même des terrains de sédiment, régulièrement intercalées entre les strates de ces terrains, dont elles font partie. Ainsi se présente le minerai de fer carbonaté des houillères. Le fer et le manganèse oxydés se rencontrent également en bancs réguliers dans les terrains secondaires (carte VI) et tertiaires. Les anciens maîtres de forge donnaient dans ce cas au minerai de fer le nom de *mine en roche*, par opposition au minerai qui provient des filons et qu'ils appelaient *minerai de montagne*. La formation de ces gîtes ferrifères ou manganésiens s'explique facilement par le dépôt de sources minérales fortement chargées de principes métalliques.

Comme le fer et le manganèse, mais plus rare-

COUPE GÉOLOGIQUE DE LA MINE DE FER DE MAZENAY (SAÔNE-ET-LOIRE)
entre les puits St Pierre et St André

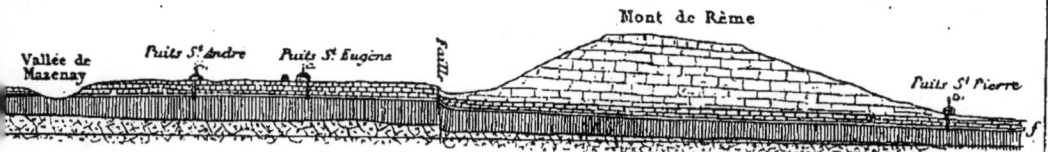

Mont de Rème

Vallée de Mazenay — Puits St André — Puits St Eugène — faille — Puits St Pierre

Légende

Terrain jurassique
Couche de minerai de fer
Terrain triasique
id granitique

Echelle de $\frac{1}{40000}$ pour les longueurs

0   500   1000 mèt.

Echelle de $\frac{1}{20000}$ pour les hauteurs

0   100   200   300   400   500 mèt.

iné par Ed. Dumas Vorzet   Gravé chez Erhard

ment, le cuivre et le plomb se rencontrent dans les formations sédimentaires à l'état de véritables couches. On les trouve surtout dans ces grès siliceux à gros grains, ces poudingues, ces brèches qu'on a nommés *arkoses*, et qui forment la base de quelques-uns des dépôts secondaires. Ces roches de transport caractérisent une période agitée, suivie de moments de calme. Nul doute que les particules métallifères qu'elles contiennent n'aient été le plus souvent arrachées à des gîtes en place, puis roulées, transportées avec les matières pierreuses, jusqu'au lieu du dépôt final où tous les éléments se sont agglutinés ensemble.

Les filons éruptifs, dont il faut maintenant parler, ont beaucoup d'analogie avec les dikes ; seulement ils les dépassent autant en puissance que ceux-ci les filons-fentes. Ainsi il est des filons éruptifs qui atteignent des épaisseurs de 100 mètres et au delà. En outre le mode de formation est différent de celui des filons-fentes et des dikes.

Il y a deux classes de filons éruptifs. Dans la première, la roche éruptive est elle-même la roche métallique, dans le sens absolu du mot. Le minerai a été injecté par grandes masses, fondu ou pâteux. Dans cette classe se rangent nombre de gîtes de minerais de fer oxydé, oxydulé, tels que ceux de Dannemora en Suède (fig. 9). Dans la seconde classe, la roche éruptive existe indépendamment du minerai, qui s'y trouve irrégulièrement disséminé

10

à l'état de veines, veinules, *chapelets*, *sacs*, *nids*, *boules*, *rognons*, *géodes*, *mouches*. Certaines roches vertes, les amphiboles, les serpentines, renferment ainsi des minerais de cuivre. L'or, le platine, l'étain oxydé, se trouvent contenus de même façon dans le granite. Enfin les dykes métallifères de quartz se rattachent également à cette classe, si on les considère comme éruptifs.

Les gîtes en amas, par lesquels se clôt la série, sont les gîtes irréguliers par excellence. Ils peuvent se diviser en gîtes en amas proprement dits, et en gîtes d'alluvions. Les premiers remplissent des cavités souterraines plus ou moins étendues, des sacs, comme les géologues les appellent, au milieu des formations sédimentaires, et contiennent surtout des minerais de cuivre, de zinc, de fer. Quand l'amas est épuisé, on peut dire du mineur qu'il a vu le fond du sac. La mine de cuivre de Fahlun, en Suède, où existe un mode de descente curieux (fig. 10), peut être citée comme un des exemples classiques des mines en amas. Le minerai est mêlé de pyrite de fer et se trouve encaissé dans des roches quarzeuses et amphiboliques.

La célèbre mine d'argent de Kongsberg, en Norwége (fig. 11), est également en amas dans le gneiss ou granite schisteux.

Les gîtes d'alluvions composent une classe fort intéressante qui comprend soit des minerais de fer et de manganèse, soit des minerais d'étain, de pla-

Fig. 9. — Vue prise à la mine de fer de Dannemora (Suède).

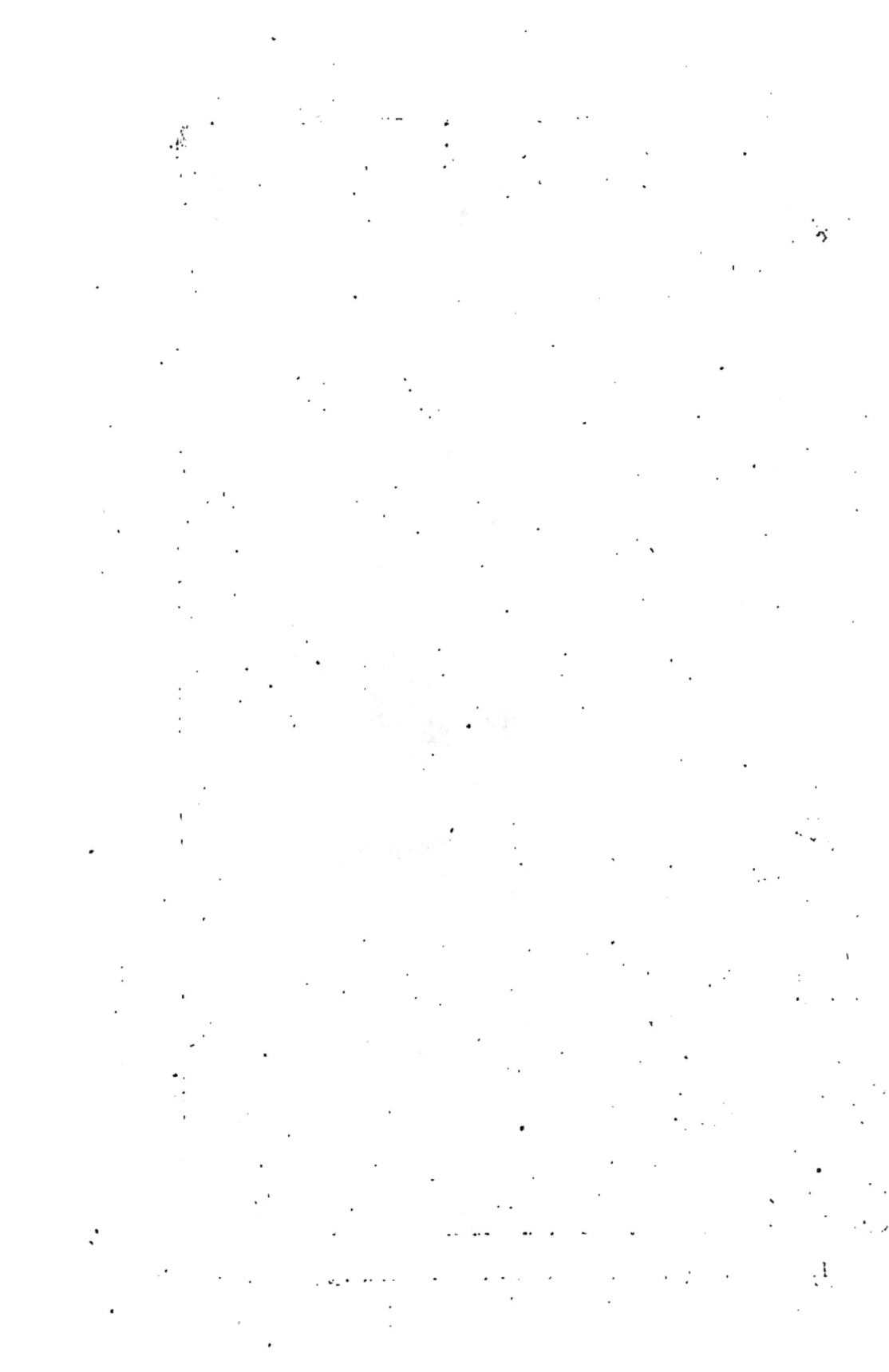

tine et d'or. Parmi ces derniers, on connaît les placers de la Sibérie, de la Californie, du Brésil, auxquels se mêlent, surtout au Brésil, les gîtes diamantifères (carte VII).

Revenons sur les véritables filons métalliques, les filons-fentes, pour en étudier l'allure, la composition, l'aspect souterrain.

D'après tout ce que nous avons dit, on peut se représenter un filon comme une masse en forme de coin ou de table enfoncée dans les profondeurs du sol. La partie qui se montre à la surface est ce qu'on nomme l'*affleurement* ou la tête du filon. Les Allemands l'ont nommée le *chapeau de fer (eisenhut)*, parce qu'elle est ordinairement composée de minerai de fer oxydé plus ou moins altéré, mêlé à du quartz ou cristal de roche. Les mineurs se fondent d'habitude sur l'abondance et l'aspect du chapeau de fer pour pronostiquer la richesse d'un gîte. C'est un principe en vigueur sur beaucoup de mines, qu'un chapeau de fer décomposé, scoriacé, terreux, aux tons rougeâtres, autorise les plus belles espérances. Dans le Cornouailles, les chercheurs de filons regardent cette règle comme certaine. Voici un de leurs dictons : *A good silver vein always wears an iron cap* : Une bonne veine d'argent porte toujours un chapeau de fer. Et, comme la pyrite de fer intacte, qu'ils nomment *mundic*, annonce souvent, à l'intérieur, la présence du filon exploitable, qu'ils appellent *horse* ou le cheval, ils disent encore : *Mundic rides a good horse* : Le *mundic* monte un bon cheval.

Au Mexique, au Pérou, les têtes des filons d'argent, matières pulvérulentes rouges, noirâtres, les *colorados*, les *negros*, les *pacos*, comme on les nomme, guident aussi les mineurs. Aux premiers temps de la découverte, ces terres contenaient des accumulations d'argent énormes, source de l'immense fortune que firent alors les colons.

En Californie, les filons de quartz aurifère ont également un chapeau de fer. C'est la désagrégation, la dénudation des affleurements de ces gîtes en place qui a, d'ordinaire, entraîné l'or dans les placers. Les vallées aurifères sont, en effet, presque toujours subordonnées aux filons qui couronnent les crêtes.

Les têtes des filons de cuivre, de plomb, de zinc, d'antimoine se distinguent par des caractères particuliers analogues à ceux des chapeaux de fer. Le minerai qui, en profondeur, est un sulfure, combinaison du métal avec le soufre, s'est peu à peu modifié à l'affleurement par suite d'une longue action des agents atmosphériques. Il est passé à l'état d'oxyde, de carbonate, de sulfate, etc., et ainsi se sont formées des concentrations très-riches qui ont inspiré quelquefois aux exploitants une confiance exagérée sur la valeur des gîtes en profondeur.

Suivons dans l'écorce terrestre les filons dont nous venons d'étudier l'affleurement. Soit qu'ils recoupent les bancs sédimentaires au milieu des-

Fig. 10. — La descente aux échelles dans la mine de Fahlun (Suède).

quels ils sont intercalés, ou qu'ils restent parallèles à la stratification, filons-fentes, dikes, filons de contact, on y distingue le *mur* et le *toit*. Le mur est le plan sur lequel repose le filon ; le *toit* est le plan opposé, séparant le filon du terrain supérieur. La distance entre les deux plans forme l'épaisseur ou *puissance* du gîte.

Le toit et le mur sont formés quelquefois par des surfaces lisses, polies, striées, que les mineurs nomment des *miroirs*, et qui rendent bien compte des mouvements violents qui se sont produits dans le sol à la formation de certains filons. Souvent des matières grises ou blanchâtres, argileuses, schisteuses, sont répandues au toit et au mur, comme si, justifiant en ce cas la théorie de Werner, des infiltrations parties de la surface s'étaient accumulées dans le plan du filon. Ces matières sont ondulées, rayées. C'est ce qu'on nomme les *salbandes*, et l'on appelle *épontes* la partie du terrain ambiant qui entoure immédiatement le filon, en forme les parois et leur sert, à proprement parler, de toit et de mur.

Il est intéressant d'étudier la dissémination, la manière d'être, l'arrangement du minerai dans le gîte au-dessous de l'affleurement.

Dans quelques filons, le minerai est régulièrement distribué dans la masse en bandes parallèles ; dans d'autres, il est comme injecté au hasard.

Ici c'est au toit, là au mur que s'est concentrée

la matière utile ; sur quelques points, enfin, le minerai suit de préférence certaines lignes et forme ce que les ouvriers appellent des *colonnes*. On dirait que les effluves métalliques ont suivi des espèces de cheminées, de canaux ouverts sous le sol, dans lesquels, la résistance étant moindre, elles ont pu aisément s'épancher. Quelquefois ces concentrations métalliques sont régulières, continues, sur toute la longueur des colonnes presque également espacées l'une de l'autre. D'autres fois, elles sont elles-mêmes coupées, interrompues, et ne forment plus alors que des *chapelets*, et souvent des *nids*, des *amas*, des *sacs*, dont la loi de dissémination reste, dans la plupart des cas, entièrement inconnue au géologue et au mineur.

Ce n'est pas sans raison que nous avons comparé à un coin la forme générale des filons. Cette figure se vérifie à la lettre dans quelques circonstances. Les affleurements présentent alors le maximum d'épaisseur, puis le filon va diminuant avec la profondeur. La richesse du gîte peut suivre ces variations, et la mine finir par disparaître entièrement. On en a vu récemment (1865) un exemple, aux mines de plomb et d'argent de Poullaouen et d'Huelgoët (Finistère). Les travaux ont dû être abandonnés à la profondeur de 500 mètres, pour raison de stérilité, après plusieurs siècles d'exploitation.

Une forme plus générale des gîtes est celle dite tabulaire, présentant l'aspect d'une masse limitée

Fig. 11. — Les mines d'argent de Kongsberg (Norwége).

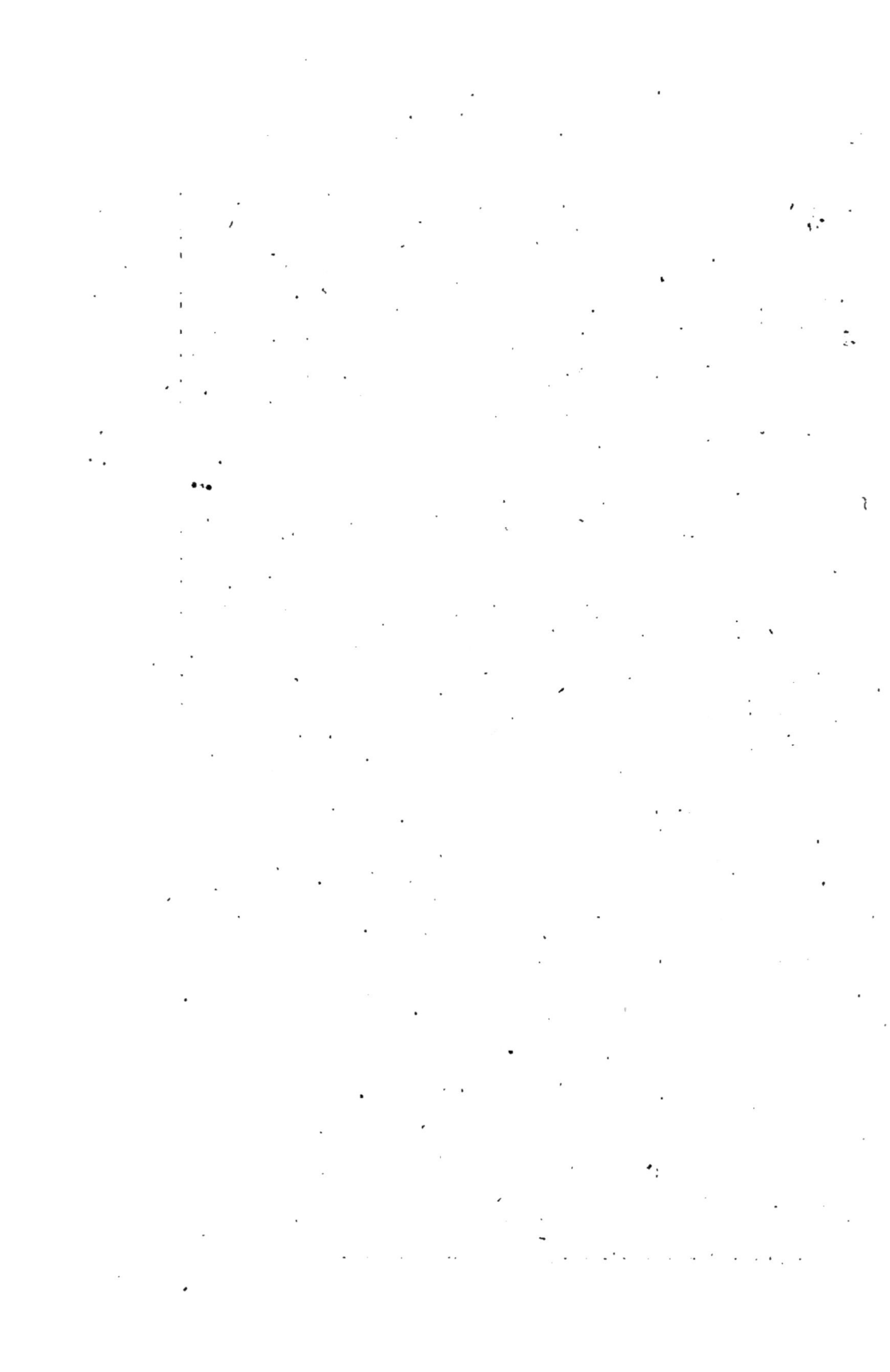

par deux plans parallèles, ce qui suppose une profondeur à peu près indéfinie. Les filons de la Saxe et du Harz, toujours très-productifs, même à plus de 900 mètres, limite aujourd'hui atteinte, rentrent dans ce cas.

Enfin, la forme de certains gîtes peut être comparée à celle d'une de ces racines que l'on nomme en botanique pivotantes, parce qu'elles s'enfoncent perpendiculairement dans le sol comme un pivot. La similitude est complète ; les ramifications du filon rappellent celles de la racine ; de plus l'épaisseur va augmentant de l'affleurement vers le centre du filon, et à partir de ce point elle diminue. Elle peut même finir par se réduire à rien.

Dans beaucoup de cas, ce n'est pas seulement la puissance des filons qui augmente avec la profondeur, c'est aussi la richesse, au moins jusqu'à une certaine distance. En 1860, j'ai exploité en Californie, dans le comté de Mariposa, un filon de quartz aurifère dont l'épaisseur à l'affleurement n'était au maximum que de 1 mètre, et la richesse de 50 francs d'or à la tonne (1,000 kilogrammes) de minerai. A 50 mètres de l'affleurement mesurés sur le plan du filon, l'épaisseur était devenue de 2 mètres, et la teneur ou titre du minerai de 100 francs.

A partir d'une certaine limite, variable avec chaque gîte, cette loi d'enrichissement de teneur et d'augmentation de puissance cesse de se vérifier, et c'est alors la loi inverse qui a cours. On dirait

que les matières métalliques tenues en suspension
n'ont pu se déposer qu'à une certaine hauteur de
leur trajet, quand la pression devenait moindre.
Dans quelques mines, ce sont même les parties su-
périeures (je ne dis pas seulement les affleurements,
qui presque toujours présentent la plus grande richesse) qui se montrent les plus fertiles. Est-ce à
dire que tous les filons doivent s'épuiser en profondeur? C'est là une question des plus graves, on le
comprend, qu'offre l'exploitation des mines. Le
débat a divisé, il y a quelques années, deux praticiens
également connus, MM. Pernolet et Burat. Chacun
d'eux a cité des faits concluants à l'appui de sa thèse.
M. Pernolet penchait pour la disparition, M. Burat
pour la continuité des minerais en profondeur.
Les raisons alléguées par chacun des combat-
tants étaient justes. Mais ce qu'il eût fallu poser
comme prémisses, c'est qu'il n'y a pas ici de
principe absolu, et que chaque cas est un cas particulier.

On a dit que, sur beaucoup de filons, la puissance
et la teneur augmentent à mesure que l'on descend.
Il y a mieux : souvent la composition change, non-
seulement pour une même famille minérale qui
présente les espèces oxydées à l'affleurement et les
sulfurées en profondeur, mais on passe d'une famille
à une autre, ainsi des minerais de plomb aux minerais de cuivre et de ceux-ci aux minerais d'étain,
comme le cas s'est présenté dans le Cornouailles

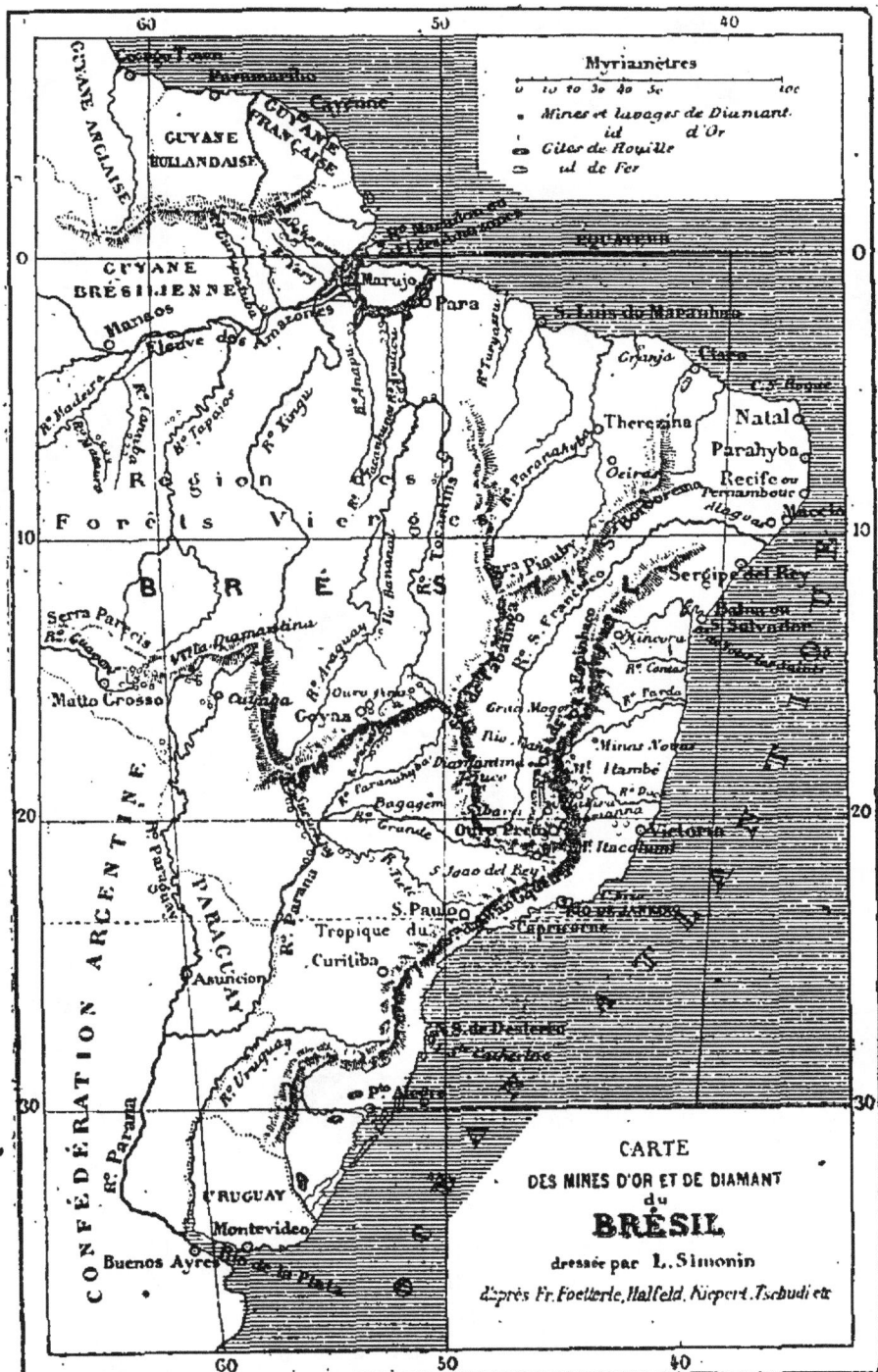

CARTE
DES MINES D'OR ET DE DIAMANT
du
BRÉSIL
dressée par L. Simonin
d'après Fr. Foetterle, Halfeld, Kiepert, Tschudi etc

Grave par Erhard

Fig. 12. — Mine de cuivre et d'étain du cap Land's End (Cornouailles) exploitée sous la mer.

où l'on exploite ces filons jusque sous la mer
(fig. 12).

De même, aux mines de Chessy, près de Lyon,
qui ont si longtemps fourni, vers les affleurements,
les plus belles azurites connues (carbonate bleus de
cuivre), on est passé, en profondeur, des carbonates
aux pyrites de cuivre, enfin aux pyrites de fer.

Si la même fente, dans la même localité, offre
des variations, à plus forte raison en allant d'une
localité à une autre. Ces fractures remplies après
coup qui constituent les filons s'étendent souvent,
on l'a dit, sur de très-grandes longueurs. Comme
certaines chaînes de montagnes, le long desquelles
elles sont alignées, elles se profilent même sur des
demi-méridiens, c'est-à-dire qu'elles comprennent
quelquefois jusqu'à la moitié d'un grand cercle de
la sphère. Telle est l'immense fracture qui, le long
des Andes, contient au Chili les minerais de cuivre,
d'or et d'argent ; en Bolivie, les minerais d'argent[1]
(fig. 13), de cuivre, d'étain ; au Pérou, les minerais
d'argent ou de mercure ; dans la Nouvelle-Grenade,
l'or et le platine ; dans l'Amérique centrale et le

[1] C'est en Bolivie que se trouve la fameuse mine d'argent de
Potosi qui, depuis le commencement de l'exploitation espagnole
jusqu'en 1800, c'est-à-dire pendant près de deux siècles et demi,
a fourni une somme de six milliards de francs en lingots d'argent.
Mais qu'est-ce que cela, en comparaison de la Californie qui, à elle
seule, dans un espace de moins de vingt années (1849-1867) a
donné pour plus de quatre milliards de francs en or aux États-
Unis ?

·Mexique, l'òr, l'argent, le plomb, le mercure, le cuivre, l'étain et le fer (cartes VIII et IX) ; en Nevada, en Californie, l'or (fig. 14), le cuivre, le mercure, l'argent ; dans l'Orégon et la Colombie britannique, l'or ; dans l'Alaska, le cuivre.

La direction des Andes, dans l'Amérique méridionale, oscille autour d'un axe orienté nord-sud. Cet axe court du nord-ouest au sud-est dans l'Amérique du Nord. Dans l'un et l'autre pays, les fractures suivent respectivement ces directions ; mais elles sont remplies de minerais différents, suivant les localités où l'on exploite les gîtes, comme si les émanations avaient dû changer de nature avec le point du foyer central d'où elles partaient.

Bien que tous les pays métallifères soient aujourd'hui à peu près connus, la découverte des filons est due le plus souvent au hasard. On peut en prendre des exemples entre mille. Ni les savants, ni les géologues, ni les ingénieurs n'interviennent dans ces trouvailles, mais de pauvres paysans, de pauvres ouvriers. Voici comment ont été découvertes quelques-unes des plus fameuses mines d'argent de l'Espagne.

Sur les pentes arides de la Sierra de Gador et de la Sierra Almagrera, végète une graminée sauvage, aux tiges flexibles et résistantes, le spart. L'esprit industrieux des indigènes a su l'appliquer à une foule d'usages. Ils en tressent des câbles, des paniers, des nattes, des bâts de mulets, et jusqu'à

Fig. 13. — La mine d'argent de Potosi (Bolivie).

des sandales. C'est une ressource précieuse pour cette partie de la côte d'Espagne, et en même temps une marchandise d'exportation. Les paniers, les bâts, les cordes sont envoyés jusqu'à Marseille où tous ces produits forment les éléments d'un important commerce dit de sparterie. Nous avons vu ces paniers, sous le nom méridional de couffins, qui trahit une origine grecque et latine (κόφινος, *cophinus*, panier), employés dans les mines de charbon de Provence. Sur tous les quais de l'ancienne colonie phocéenne le couffin et même la corde de spart jouent aussi un rôle important dans l'embarquement et le débarquement des marchandises. Enfin la corde espagnole règne en maîtresse sur tous les puits d'eau potable. Mais là ne s'arrêtent pas les emplois du spart. Un capitaine de frégate démontrait en 1866 à l'Académie des sciences de Paris l'heureuse application qu'on pourrait faire des fils de cette graminée au revêtement des câbles télégraphiques sous-marins.

Or, un jour, en 1858, un muletier et un paysan de la sierra Almagrera, associés dans la récolte du spart, gravissaient les flancs ardus de la montagne. L'un d'eux avait depuis longtemps remarqué sur la route des roches ocreuses qui, ce jour-là plus que de coutume, frappèrent son attention.

« Si nous fouillions un peu par là, » dit-il à son compagnon.

A peine avaient-ils atteint une faible profondeur,

un quart de mètre, qu'ils découvrirent des lamelles brillantes de galène ou sulfure de plomb argentifère. C'était l'affleurement du riche et puissant filon appelé depuis le *Jaroso*, et qui provoqua la formation de la grande société *Virgen del Carmen*.

Les découvreurs se nommaient Andrés Lopez dit Perdigon et Pedro Bravo Perez.

Chacun d'eux s'attribua dans la société un quart d'action estimé 150 francs. Peu de temps après, Perez, n'ayant pu payer sa part contributive aux frais mensuels, échangea son quart contre une ânesse et une petite mule.

En 1841 ce même quart était estimé 200,000 fr.

Quelques personnes racontent d'un manière différente la découverte du Jaroso. Si cette nouvelle version est vraie, ce serait un des rares exemples de la découverte d'une mine par la science.

On prétend qu'un officier, frappé de l'abondance de la galène, dont les habitants des provinces d'Almeria et de Murcie se servaient de temps immémorial, sous le nom arabe d'alcohol (en français alquifoux), pour vernir leur poteries, eut l'idée de faire l'essai de ce minerai. Il y découvrit l'argent à la teneur énorme de 8 millièmes, soit 8 kilogrammes ou 1600 francs, par tonne de minerai. Immédiatement il dénonça et se fit concéder la mine *Carmen*, qui a, dit-on, fourni en vingt ans, de 1838 à 1858, CENT TRENTE MILLIONS DE FRANCS à ses heureux actionnaires.

CARTE
des
MINES D'ARGENT
du
MEXIQUE
dressée par L. Simonin

d'après Humboldt, St Clair Duport, etc

Myriamètres

0   25   50   75

ÉTATS-UNIS

TEXAS

GOLFE
DU
MEXIQUE

OCÉAN   PACIFIQUE

VIEILLE CALIFORNIE

Golfe de Californie

SONORA

Monterey
Santillo
Victoria
Tampico
Matamoros
Chihuahua
Batopilas
Alamos
Loreto
Culiacan
Mazatlan
Rosario
Zacatecas
Guadalajara
Valladolid
Colima
San Luis
Guanajuato
MEXICO
la Puebla
Vera-Cruz
Oajaca
Mérida
YUCATAN
St Juan Bautista
GUATEMALA
S. Christobal
Tehuantepec

C. St Lucas
C. Corrientes

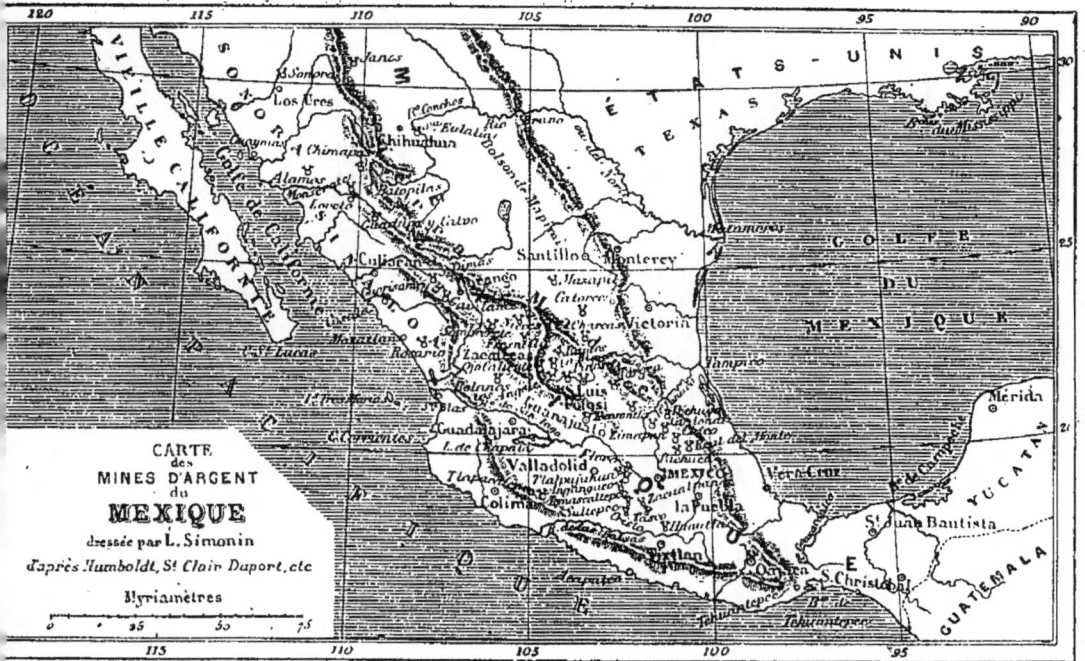

siné par Ed. Dumas-Vorzet.

Gravé par Erhard.

Généralement la teneur des galènes argentifères est au maximum de trois à quatre millièmes. En Espagne elle descend quelquefois à moins d'un dix-millième. Ces chiffres expliquent la richesse exceptionnelle du Jaroso.

Cette mine découverte, ce fut bientôt en Espagne un enivrement général. La moindre teinte ferrugineuse fut fouillée à l'envi, et la Sierra Almagrera devint, pour les hardis *rebuscadores*, une petite Amérique. En moins de huit ans, de 1840 à 1848, une dizaine de *pertenencias* ou concessions y produisirent plus de CENT MILLIONS de francs en plomb et en argent. Il y avait de quoi tenter les joueurs.

La découverte des mines d'or de Californie n'est pas moins curieuse que celle des mines d'argent d'Espagne. On sait qu'elle eut lieu également par le plus grand des hasards, et qu'elle fut due à un ouvrier mormon employé dans une scierie de bois du capitaine Sutter.

L'existence de ce colon avait été des plus agitées. Ancien capitaine d'un régiment suisse au service de Charles X, et Suisse lui-même, il avait quitté la France après la révolution de Juillet. Il s'était d'abord établi aux États-Unis, à New-York, puis à Saint-Louis. Neuf ans après, pionnier comme tant d'autres, le colon du Far-West avait traversé les déserts et s'était fixé dans l'intérieur de la Californie. Près du lieu où existe aujourd'hui la ville de Sacramento,

il s'était fait fermier. Il défrichait les terres, et exploitait les bois des environs. Il avait bâti un·fort
pour repousser les attaques des Indiens, contre
lesquels il montait la garde avec une trentaine de
pionniers résolus, ces fameux trappeurs canadiens
qui couraient alors le pays. Enfin, sur la .rivière
qu'on nommait déjà *American-River*, ou la rivière
Américaine, il avait établi une scierie de bois, à 15
lieues de son fortin. Ce fortin portait le nom de
Nouvelle-Helvétie, en l'honneur de la patrie absente,
et l'on peut le voir encore indiqué sur les cartes de
Californie antérieures à l'année 1848.

Nouvelle-Helvétie était devenue le grand entre-
pôt des fourrures recueillies par les trappeurs ; c'é-
tait aussi un gîte hospitalier pour tous les pionniers qui commençaient à affluer des États du
Mississipi en Californie. Là s'était arrêté, en 1844,
Frémont, le célèbre explorateur.

L'année 1847 fut l'époque du grand déplacement
des Mormons, chassés des États.de l'Union comme
ennemis du bien public. Une partie de ces curieux
sectaires accomplit son exode en traversant les
Montagnes-Rocheuses, pour aller se fixer vers le
grand lac Salé, dans l'Utah, tandis qu'une autre
portion des fidèles arrivait par mer de New-York
aux Sandwich d'abord, et de là en Californie. Quelques-uns des Mormons venus par cette voie, étant
à bout de ressources, louèrent leurs bras à Sutter,
avant de gagner l'Utah, et c'est à l'un d'eux, l'Amé-

COUPE DES MINES D'ARGENT DE GUADALUPE-Y-CALVO (PROV. DE SINALOA, MEXIQUE)

dressée par L Simonin d'après St Clair Duport

Roches schisteuses

N O

S E

Galerie

Deposito de Reparo

Galeria de Guadalupe

Galerie Calvo

Puits

Bréche Trachytique

Echelle de $\frac{1}{6.250}$

0   50   100   150   200   250 mètres

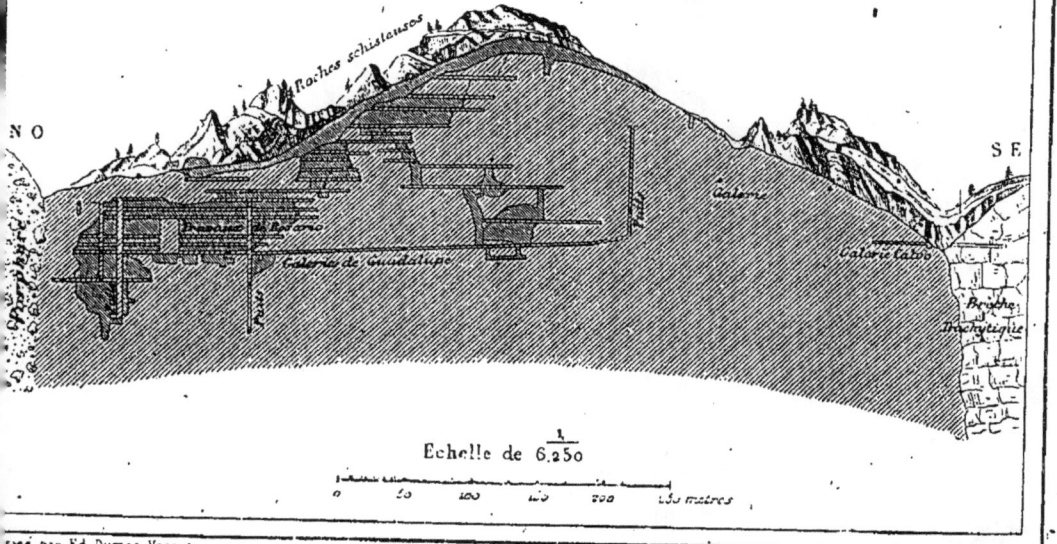

ssné par Ed Dumas Vorzet

Gravé chez Erhard

ricain Marshall[1], que revient l'honneur d'avoir mis
la main sur la première pépite. C'est dans le canal
amenant les eaux à la scierie de bois établie sur
la rivière Américaine, que la découverte eut lieu.
On a expliqué le fait de différentes façons. D'après
un récit attribué à Marshall lui-même, il paraît que
c'est en laissant couler l'eau dans le canal qu'il
venait de creuser, qu'il aperçut tout à coup une
pépite. C'était, paraît-il, le 20 janvier 1848. Marshall
et Sutter, n'en croyant pas leurs yeux, firent diverses expériences pour s'assurer que le caillou
qu'ils avaient trouvé était bien de l'or.

M. Marcou raconte d'une façon différente de la
nôtre la découverte de l'or en Californie. Il dit
(et il tiendrait ce détail de M. Sutter lui-même)
que ce furent les enfants de Marshall et ceux
d'un autre Mormon, son camarade, qui découvrirent l'or. Ces gamins s'amusaient à fouiller les
cailloux de la rivière allant à la scierie et mise à
sec en quelques endroits, quand ils trouvèrent des

[1] C'est la version de M. J. Rémy dans son livre sur les Mormons.
D'autres disent que Marshall faisait partie du bataillon mormon
qui venait d'être employé dans la guerre du Mexique, et qui fut tout
à coup licencié en Californie, contrairement aux lois de l'Union.
Les volontaires doivent être ramenés, avant d'être dissous, dans
l'État même où ils ont été levés. Ceux-ci avaient été enrôlés dans
les plaines du Missouri, à Council-Bluffs (les Mormons avaient déjà
dû quitter Nauvoo), et le gouvernement de l'Union, en les licenciant
brusquement, avait eu pour but de disperser la secte. Le bataillon
contenait tout ce qu'il y avait de valide dans le mormonisme alors
naissant.

pierres jaunes. Ils les apportèrent de suite à leurs
pères, disant qu'ils avaient maintenant un beau jeu
de billes, des dollars roulés [1]. Ces cailloux si bien
caractérisés par ces enfants, étaient ceux dans lesquels des hommes d'une certaine expérience furent
assez longtemps à reconnaître l'or.

Faut-il admettre la première version que nous
avons donnée ou celle-ci? Nous ne savons, car aucune relation authentique et officielle n'existe, à
notre connaissance, sur la découverte de l'or en Californie.

Quoi qu'il en soit, c'est par cette heureuse découverte que se vérifia la croyance légendaire des anciens Mexicains, plus tard transmise aux Espagnols,
d'un Eldorado situé vers le nord et sur les rives du
Pacifique. On a prétendu que les anciens mission-
naires de Californie, ou les Indiens eux-mêmes,
connaissaient l'existence de l'or, au moins dans le
sud du pays, et la tenaient cachée, pour une raison
ou pour une autre; mais le fait n'est nullement
prouvé.

Il paraît aussi invraisemblable que d'autres colons, notamment des Américains, aient eu conscience de la richesse des terres aurifères du pays,
au moins sur toute son étendue.

Ce n'est donc qu'à l'année 1848 et à la série des

---

[1] On connaît ces jolis dollars américains en or, dont la bijouterie
s'est heureusement emparée pour en faire des boutons de man-
chettes.

Fig. 14. — Vue prise sur le filon aurifère d'Eurèka, comté de Nevada
(Californie).

12

faits qu'on vient de raconter qu'il faut reporter
une découverte qui eut un si grand retentissement
dès l'origine, et qui allait remuer le monde.

On sait à combien de gens a fait tourner la tête
l'exploitation des mines métalliques, non-seulement
en Californie, mais partout. A ce sujet, il me sou-
vient d'une histoire assez plaisante à laquelle j'ai
été mêlé, et que je demande la permission de raconter en manière d'épisode.

En 1856, j'habitais Marseille. J'étais attaché à
l'administration des Mines. Les affaires industrielles
allaient en ce temps-là assez grand train, mieux
qu'aujourd'hui; les actionnaires n'étaient pas encore tout à fait désabusés.

Un avoué de mes amis, M. R..., reçut un jour la
visite de son fumiste, un Piémontais : tous les émigrants piémontais sont fumistes à Marseille comme
à Paris. Notre homme tenait à la main un magnifique
échantillon de galène, ou sulfure de plomb cristal-
lisé.

— Qu'est cela? dit l'avoué.

— Oh ! rien, une pierre de mon pays.

— Tiens, ces pierres-là courent les rues dans
votre pays? Laissez-la-moi.

— Prenez-la, nous en avons ainsi des montagnes.

— Je la garde.

M. R... me remit l'échantillon pour l'analyser. Il

ne renfermait pas moins de 72 pour 100 de plomb et de six-millièmes d'argent, les plus hauts titres dans les deux cas.

A quelques jours de là, le fumiste revient.

— Bonjour, monsieur.

— Bonjour, Andrea. Eh bien! quand partons-nous?

— Pour quoi faire?

— Pour aller voir votre mine.

— Dès demain, si monsieur veut.

— C'est entendu.

Le lendemain soir, un mauvais bateau à vapeur, qui ne faisait guère qu'un cabotage de marchandises entre Nice et Marseille, emportait vers l'ancien comptoir de Massilie, redevenu depuis ville française, trois passagers.

Le capitaine n'en avait jamais autant reçu à son bord.

Les trois passagers, on le devine, c'était l'avoué, désertant momentanément son étude pour aller courir les montagnes, Andrea emmené comme éclaireur, et moi, comme ingénieur-conseil.

Le début du voyage fut loin d'être gai. Nous essuyâmes un de ces coups de vent habituels dans ces parages, auquel se mêla une pluie battante, qui nous tint vingt-quatre heures sous le pont, dans notre étroite et unique cabine.

Arrivés enfin à Nice, nous prîmes la diligence du col de Tende.

La pluie qui nous avait assaillis en mer s'était changée en neige, sur ces hauteurs, et en neige si épaisse, que malgré la saison avancée (on était à la fin de mai), nous dûmes passer le col en traîneau.

J'ai rarement assisté à de plus périlleuses descentes, et j'entends encore une pauvre dame, dont le sort m'avait fait le compagnon, recommander son âme à Dieu. Devant ces précipices vertigineux, où par un faux pas ou un manque d'attention des traîneurs, nous pouvions être lancés sans retour, je n'étais pas moi-même rassuré. Andrea et M. R... suivaient dans le traîneau de derrière.

A Cuneo, terme de notre seconde étape, nous frétâmes un véhicule pour Demonte, une petite ville au pied des monts, comme son nom, bien que décapité, l'indique[1].

Dans la plaine, le paysage était redevenu verdoyant ; c'était la fin de ces belles campagnes, qui, continuant la Lombardie dans le Piémont, se déroulent entre Turin et les Alpes, plantées de chanvre, de maïs, de mûriers. La route s'étendait devant nous plane comme un ruban, et la calèche louée à Demonte nous emportait au grand galop. La pluie de la veille avait baigné les premières feuilles ; les oiseaux chantaient dans les branches.

---

[1] Le mot complet est dans le dialecte local *Pè de monte*, d'où l'on a fait aussi *Piemonte*, Piémont.

Tout portait à l'épanchement.

Mon compagnon me dit :

— J'ai un vieux père qui a fait sur mer les guerres de la République et de l'Empire comme corsaire; il est encore vert et vigoureux, et voudrait une occupation. Je l'enverrai finir ici ses jours, comme surveillant de notre usine, car nous fondrons aussi le minerai. Ici le ciel est pur, le pays superbe; décidément cette affaire me plaît.

Pendant cette conversation, Andrea, coutumier des beautés de son pays, dormait.

Nous arrivâmes bientôt à Demonte.

Le fumiste nous conduisit à l'auberge chez des parents.

On nous servit, à souper, des truites pêchées à notre intention dans la Stura, rivière aux eaux vives, descendue des glaciers, et qui arrose tout le pays.

Le lendemain, munis de provisions, et accompagnés de guides nombreux, nous prîmes le chemin de la montagne. Nous gravîmes un coteau, puis un autre. Le terrain était formé de roches vertes, serpentineuses, et de schistes satinés, de couleur sombre, qui s'élevaient à de grandes hauteurs et donnaient au paysage un aspect sévère, grandiose.

Nous rencontrions des bûcherons, des pâtres, mais de moins en moins nombreux, à mesure que nous montions. A la fin nous ne vîmes plus personne Le silence, l'isolement donna à réfléchir à l'avoué. « Si ces montagnards allaient nous jouer un mauvais parti, si Andrea ne nous avait conduits ici que pour nous assassiner. J'ai tout mon argent sur moi. » Mais Andrea pensait à bien autre chose, il était avec des pays et traitait des questions de clocher. « Et Beppo, est-il toujours au régiment? et la belle Angiolina, s'est-elle enfin mariée? Et Micaela, tourmente-t-elle toujours son pauvre mari? »

Cependant nous étions arrivés à la limite où commencent les neiges alpines. Nous regardâmes Andrea.

— Plus haut encore, messieurs, du courage!

Nous enfoncions dans la neige jusqu'à mi-jambe, une vapeur épaisse nous voilait le soleil, et finit par nous cacher les uns aux autres.

On n'y voyait plus à deux pas.

— Je crois que le moment est venu, me dit mon compagnon qui ne s'était jamais trouvé à pareille aventure.

— N'ayez crainte, peureux, on en voit bien d'autres en voyage.

— Et le filon, comment le verrez-vous?

— C'est mon affaire.

Et l'ascension difficile, pénible, continua encore pendant une heure. Devant nous se dressaient le mont Viso avec sa calotte de glace, puis des pics et des pics amoncelés les uns sur les autres, moutonnants et dont je ne demandai même pas les noms.

— Eh bien ! Andrea, et cette mine ?

— Monsieur, je cherche... je ne sais pas... la neige... Et le bonhomme balbutiait.

Tout à coup ce fut comme un voile qu'on m'arrachait des yeux.

— Affreux gredin, tu nous a trompés, la mine n'existe que dans ton cerveau ; et je levai ma canne sur lui.

M. R..., plus calme, para le coup, pendant qu'Andrea marmottait entre ses dents qu'il saurait bien me retrouver.

Nous redescendîmes en deux bandes cette fois. M. R..., moi et l'un des guides ; Andrea, auquel nous n'adressâmes plus la parole, et ses amis. Le soir, bien tard, nous arrivâmes exténués à Demonte.

La vapeur d'eau pénétrante qui nous avait enveloppés sur les hauteurs, la neige qui nous avait renvoyé la lumière et la chaleur à la face, avaient produit un singulier effet ; nous avions la figure, le cou, les mains rouges comme la peau d'un homard, tout cela pour ne pas nous être munis de voiles de couleur.

Pendant huit jours ce coup de soleil ne nous quitta point, et nous perdîmes la peau comme un serpent au printemps. M. R... manda le barbier, qui ne fit que rendre le mal plus cuisant. Il avait du reste d'autres soucis. Avant de souffler la chandelle, il regarda sous les lits pour voir si Andrea ne s'y était pas blotti ; puis, me faisant signe, il me montra une paire de pistolets qu'il cacha sous son oreiller. « Il faut en route prendre ses précautions, » me dit-il. L'avoué voyageait encore comme au bon vieux temps.

Le jour suivant, comme nous quittions Demonte, un ami d'Andrea vint respectueusement nous remettre de sa part un vieux parchemin que nous dépliâmes. Il y était dit en dialecte du seizième siècle :

« A partir de la pierre qui se trouve à l'angle nord du champ d'Agostino, comptez devant vous quarante pas. Là vous trouverez une dalle que vous soulèverez ; elle donne accès dans un puits, au fond duquel vous trouverez un trésor. »

— C'est avec ce papier que monsieur l'ingénieur découvrira la mine, dit le porteur, en s'adressant à moi.

Nous haussâmes les épaules et partîmes seuls. Nous laissions Andrea au pays. Il pouvait à ses frais revenir à Marseille et y pratiquer encore la fumisterie, ou, si tel était son bon plaisir, poursuivre à ses dépens la recherche du trésor en question.

Nous allâmes à Turin nous consoler un moment de notre déconvenue. Je ne pus faire usage des lettres de recommandations dont je m'étais muni en partant. Toute la peau du visage s'en allait chez moi en lanières. Mon compagnon offrait le même

aspect, et nous n'osâmes nous présenter en cet état
aux notables Piémontais auxquels nous étions
adressés. A l'hôtel on nous regardait comme de vrais
Peaux-Rouges, et nous mangions à part pour ne pas
inquiéter la table d'hôte. A la chambre des députés
on nous laissa cependant entrer librement comme
forestieri (étrangers). J'entendis là le comte de Ca-
vour traiter avec cette lucidité qui lui était particulière une question de cadastre. Nous étions derrière les députés, et quelques-uns tenaient déplié
devant eux le *Journal des Débats*. La langue française, admise à l'égal de l'italienne, était employée
à la tribune par quelques orateurs savoisiens. Il se
dégageait de cette assemblée de législateurs d'un
petit État en voie de réformes, comme un parfum
de libéralisme qui laissa sur nous une durable
impression. Nous emportâmes également les meilleurs souvenirs de Turin, la patriotique capitale.
Partout nous entrions librement, et visitâmes le
Palais pour ainsi dire sous les yeux du roi.

Nous retournâmes de Turin à Gênes et gagnâmes
Nice par le fameux chemin de la Corniche. La route
est taillée dans des montagnes de marbre, au bord
de la mer. Souvent elle empiète sur les eaux et quand
on traverse les *marines* le long de la côte, la voi-
ture passe sous les mâts inclinés des bateaux pê-
cheurs amarrés à la plage.

A Nice, déjà veuve de ses Anglais, force nous
fut de nous munir d'ombrelles pour nous garantir

des ardeurs du soleil devenu tout à coup tropi-
cal. Les douaniers français, vigilants et incor-
ruptibles, nous firent payer à la frontière l'entrée de nos parasols aussi cher que la marchandise, sans doute pour protéger l'industrie
nationale. Les pistolets que M. R... avait laissés
dans une des poches de la diligence faillirent lui
jouer un mauvais tour. Le brigadier des douanes
les dénicha en furetant. Il voulait s'en emparer
comme d'un objet de contrebande, ou du moins
nous faire payer les droits *parce qu'ils n'avaient pas
servi.* Le débat fut vif, et finit à notre honneur;
mais il était dit que jusqu'au bout nous aurions
fait une expédition malheureuse.

Nous traversâmes enfin les campagnes de Can-
nes parfumées par les roses.

R... rentra seul à Marseille, pendant que je m'ar-
rêtais dans l'Esterel où m'appelait la visite de mines
moins imaginaires que celles de Demonte.

Mon ami ne tarda pas à recevoir une lettre d'Andrea qui lui disait qu'il reviendrait l'été, quand la
neige aurait débarrassé les montagnes et qu'il pourrait lui montrer les filons.

La vérité est qu'on n'a jamais revu le fumiste à
Marseille. Un jour que je parlais à R... de cette dé-
confiture dont il avait eu à supporter tous les frais :

« Laissons cela, me dit-il, j'ai su que le drôle
avait ramassé cet échantillon sur nos quais, dans
un chargement de minerais de Sardaigne. Il a menti

impudemment en me disant que l'échantillon était
de son pays, mais il a préféré aller jusqu'au bout,
et nous entraîner là-bas plutôt que se déclarer pris
au piége. Après tout, peut-être avait-il besoin
d'aller revoir sa famille, et de rentrer au pays sans
bourse délier. Quant à moi, c'est la première et la
dernière fois que je. me mêle d'affaires de mines,
et je déclare qu'on ne m'y reprendra plus. Je préfère grossoyer des actes. »

On sait que l'exploitation des mines métalliques
n'a pas seulement pour but de fournir un appât à
la cupidité humaine. Elle donne lieu à une double
industrie, souterraine et métallurgique, et fournit
de plus au commerce des éléments d'opérations
aussi variés que nombreux.

Le négoce des minerais et des métaux se fait
aujourd'hui sur de nombreux marchés. Aux États-
Unis, on peut citer New-York et d'autres places pour
le fer; Boston, Pittsburg, pour le cuivre; Galena,
Chicago, pour le plomb; San-Francisco, pour l'or,
l'argent et le mercure. Au Mexique c'est Mazatlan,
San-Blas, Acapulco, la Vera-Cruz, et au Pérou,
Callao, pour l'argent; au Chili, Huasco, Copiapo et
Coquimbo, pour l'argent et le cuivre; au Brésil,
Rio-Janeiro et Bahia, pour l'or.

En Angleterre, c'est Swansea et Liverpool qui sont
les grands entrepôts du cuivre; Glascow et les ports
du pays de Galles, ceux de la fonte et du fer; Shef-

field, celui du fer et de l'acier; Londres, celui de tous les métaux.

En France, on nomme Paris, Marseille, le Havre, Nantes, et diverses places de l'intérieur, comme Lyon, Saint-Dizier, Saint-Étienne, mais ces derniers pour le fer, la fonte et l'acier seulement. Nous ne citerons pas les lieux directs de production tels que le Creusot, Alais, etc. En Espagne, c'est Carthagène, Almeria, Adra, pour le plomb; Almaden, pour le mercure; Santander, pour le zinc.

En Hollande, Rotterdam, Amsterdam, pour l'étain; dans les villes hanséatiques, Hambourg; en Prusse, Cologne, Berlin, Stettin, Breslau, surtout pour le fer, le cuivre, le zinc, le plomb.

La Suède est citée pour ses marchés de fer. Dans la Russie d'Europe et en Sibérie, il y a aussi divers marchés pour le cuivre et le fer, sans compter Nijni-Novgorod, où se tient chaque année une foire célèbre, dans laquelle les métaux bruts entrent pour une grande part.

Comme on le voit, les plus grandes places de commerce sont presque partout les plus grands marchés de minerais et de métaux. Cela ne doit point nous étonner, car il est facile de s'expliquer et le rôle des métaux précieux et la fonction des métaux communs dans le développement de la richesse publique.

La valeur des métaux importés entre toujours pour une somme assez considérable dans la balance

du commerce des États. A part le fer, on peut dire
que la production métallique de la France est
insignifiante. Il en résulte que le chiffre des métaux importés chez nous est fort élevé, et qu'on
peut estimer à 150 ou 200 millions de francs la
somme annuelle que nous payons à l'étranger pour
le seul achat des métaux communs. Il est vrai que
nous rendons d'autre part à l'étranger, et avec
usure, ce qu'il nous prête de ce côté. On ne peut pas
tout avoir, ni tout produire.

Le rôle des métaux précieux est non moins important que celui des métaux communs. Si ceux-ci
interviennent dans presque tous les actes matériels
de la vie, en nous fournissant presque tous les outils, tous les instruments, tous les appareils dont
nous avons besoin, ceux-là nous procurent les
moyens d'acheter ces outils. Il faut même prendre
les choses de plus haut. L'or et l'argent ont véritablement donné naissance au commerce, en fournissant seuls la monnaie métallique, la base mathématique des valeurs. Quand on ne produit pas chez
soi ces métaux, de première nécessité comme les
autres, il faut à toute force les acheter ailleurs.
« Pas d'argent, pas de Suisse, » comme dit un
vieux proverbe.

Les Chinois, qui ne produisent chez eux qu'une
petite quantité d'or et d'argent, et auxquels les Européens doivent d'ailleurs payer le solde des marchandises qu'ils leur achètent, car ils leur en achètent

plus qu'ils ne leur en vendent, les Chinois exigent toujours qu'on les paye en lingots d'argent, à défaut de piastres mexicaines ou espagnoles.

Ils ont moins de confiance dans l'or, dont la couleur jaune est pour eux moins virginale que celle du blanc d'argent, et craignent d'être trompés même sur des pièces métalliques sonnantes et ayant cours, comme disent les parfaits notaires.

A Madagascar, j'ai vu pareillement l'argent des Européens seul admis. Le pays ne fait encore qu'un assez faible commerce; il est du reste peu avancé en civilisation. Ce ne sont pas des lingots qu'on y porte, ce sont des pièces de cinq francs à l'effigie de tous nos derniers souverains ; puis des dollars américains, des piastres mexicaines, enfin des *pesos* ou *colonates* (piastres à colonnes) espagnoles, fort prisées là-bas, et qui devenues rares, même en Espagne, feraient la joie de nos numismatistes et de nos changeurs.

Pour arriver aux fractions de cinq francs, les Malgaches coupent la pièce en menus morceaux, et dépassent même la limite centésimale. On enferme l'argent menu dans un étui en bambou décoré par les artistes du lieu. Quand on paye avec cette monnaie, le vendeur, armé d'une balance dont les poids ont été officiellement poinçonnés, pèse les morceaux d'argent, puis, comme s'il avait conscience de la méthode des doubles pesées de Borda, enseignée dans les traités de mécanique et de physique, il alterne la charge des plateaux, remettant ici les poids, là l'argent. En tout deux pesées, faites avec le plus grand calme. Mais on n'est pas pressé dans ces pays. Cependant le besoin d'une monnaie courante s'y fait vivement sentir dans toutes les transactions commerciales.

En 1865, je rencontrai à Paris un agent d'affaires qui, frappé de ces faits, avait eu l'idée de fournir Madagascar de menue monnaie, et l'eût peut-être fait sans la mort violente de Radama II, qui fut assassiné en mai 1863, avec tous ses jeunes favoris ou *menamasses*, dans une révolution de palais.

Voici comment mon financier me raconta son projet :

«Je connais les opérations de monnaie. En 183... j'ai gagné deux cent mille francs avec le pacha d'Égypte dans une affaire de ce génre, Avec Radama II, je gagne cinq millions comptant. Suivez-moi bien.

« Le pays n'a pas de monnaie de cuivre. Vos morceaux d'argent coupé sont fort bons pour amuser les touristes, mais ne conviennent pas au commerce. Or l'île va se coloniser par suite du traité conclu entre la France et Madagascar. J'ai mon idée. La contrée renferme, dit-on, quatre millions d'habitants au moins. Je compte cinq francs de menue monnaie par habitant. Cela n'est certes pas trop. Total : vingt millions. Radama me concède le droit de battre à son effigie ces vingt millions de

,mitraille. Je lui envoie mes sous de cuivre garantis sur facture, alliage français, bon poids. D'un côté, la figure du jeune roi avec la légende en malgache : *Radama II manjaka ny Madagascar ;* de l'autre, l'aigle madécasse tenant le globe étoilé dans ses serres, et le millésime, année lunaire ou solaire à leur choix ; les deux s'ils le veulent.

« Maintenant calculons. Vingt millions de sous de cuivre me coûteront au plus dix millions, valeur du métal, refonte et monnayage compris. Mettez cinq millions pour le transport, les pots de vin aux autorités du pays, etc. ; reste cinq millions de bénéfice net. Soyez sans crainte, je connais ce genre d'affaires. En 183..., j'ai gagné de la sorte deux cent mille francs avec le pacha d'Égypte. »

Le mal fut que le pauvre Radama n'attendit pas notre homme. La révolution de palais qui emporta si fatalement le jeune prince déchira du même coup et le traité de commerce et d'amitié signé avec la France, et la charte royale qui concédait à notre compatriote, M. Lambert, une partie du pays. Depuis lors mon financier attend toujours l'occasion de reprendre son ingénieuse combinaison monétaire.

VII

LES SELS ET LES GAZ NATURELS

La famille des minéraux. — Anciennes croyances. — Le bon vieux temps
de la lithologie. — Les sept membres de la famille minérale. — Rôle
de chacun d'eux. — Les salines des Carpathes et de Val-di-Cecina. —
Les alunières de Montioni. — Les fumeroles d'acide borique. — Le
Styx et la barque de Caron. — Les établissements de M. de Larderel.

Jusqu'à la fin du siècle dernier, les savants, c'est
une justice à leur rendre, ne s'étaient pas creusé
la tête pour distinguer et nommer les minéraux.
Les innombrables classifications qui font la joie
des naturalistes, mais le désespoir des gens du
monde rebelles au grec et au latin, n'étaient pas
alors inventées.

Nos pères, sur ce point, étaient gens bien sensés,

qui se bornaient à ne voir dans les minéraux

que des terres, des pierres, des sels, des combustibles et des métaux.

Cette classification était celle du grand Werner
lui-même, ce Socrate de la minéralogie, comme
l'appelaient les Italiens. Ce n'est pas qu'avant lui
on n'eût fait aussi quelques écarts. On attribuait
à certaines pierres des influences favorables ou
malsaines. Les unes chassaient le mauvais œil, éloi-
gnaient ou attiraient la foudre; d'autres rendaient
Vénus propice ou contraire. La classification des
minéraux en nobles et ignobles rappelait les alchi-
mistes, et remettait en mémoire la distinction,
qu'avait voulu faire Théophraste, des pierres en
mâles et femelles, réservant, il est vrai, à ces dernières les plus belles qualités : la beauté, la couleur, l'éclat.

C'était encore, au siècle dernier, l'âge innocent
de la lithologie.

On imaginait que les pierres poussaient ; on
admettait un suc lapidifique, en un mot on ressus-
citait l'idée de Démocrite, ce philosophe grec qui
riait toujours, et qui, sans doute pour continuer
la plaisanterie, accordait aux pierres une âme
végétative. A cette croissance, sinon à cette âme
des pierres, croyaient fermement, comme jadis
Aristote, et Tournefort et Linné lui-même. D'autres
savants étaient allés plus loin dans leur hypothèse.
Ils prétendaient que les pierres provenaient de
germes, comme les plantes, et ils disaient avoir dé-

couvert non-seulement les graines, mais encore les fleurs du corail. Quelques personnes partagent encore toutes ces idées. Des joailliers parlent sérieusement des sucs lapidifiques, et de prétendus archéologues assurent que c'est par suite de cette croissance des pierres, que le forum de Rome et les temples d'Égypte et d'Assyrie sont maintenant enfouis de plusieurs mètres sous le sol.

Laissons là ces théories, plus brillantes que solides, poétiques divagations qui s'écartent trop de la vérité. L'origine des pierres, nous l'avons indiquée plusieurs fois dans le courant de ce livre ; elles proviennent surtout soit de l'eau, soit du feu, ces deux grands éléments de l'antiquité, auxquels est due la formation même du globe. Les minéraux composent l'enveloppe, la croûte ou l'écorce terrestre, et c'est dans eux que la vie s'incarnant a donné naissance aux corps organisés, les plantes et les animaux,

Il suffira ici de ce coup d'œil rapide jeté dans le domaine de la philosophie naturelle. Tant d'inconnues sont encore à résoudre dans le grand problème de la vie, que le moment n'est certes point venu d'aborder ces formidables questions. Revenons à nos chers cailloux, les minéraux, et tenons-nous-y humblement ; c'est le plus sûr moyen de ne pas tomber de bien haut.

Les terres, les pierres, les sels, les combustibles et les métaux, auxquels il faudrait joindre, pour

avoir une nomenclature complète, les liquides et
les gaz, tels sont donc les sept membres principaux de la grande famille minérale. Nous en con-
naissons déjà trois, au moins en partie. Parmi les
combustibles, les charbons fossiles[1] ; parmi les
pierres, les pierres de construction[2] ; et enfin les
métaux. Restent les terres, les liquides et les
gaz.

Parmi les terres sont compris les sels, au nombre desquels est naturellement le sel par excellence, le sel gemme, vulgairement le sel de cuisine ; mais la plus importante des terres est la
terre végétale, la grande nourricière du genre humain. Elle est composée d'éléments divers, dont la
plupart proviennent de roches désagrégées. L'argile, qui a donné naissance à la céramique, artis-
tique ou commune, est aussi une terre dont l'utilité
ne saurait être méconnue.

A leur tour, les liquides et les gaz jouent, dans
l'économie de ce monde, un rôle plus marquant
qu'on ne le croirait tout d'abord. Le premier des
liquides est l'eau, que la sonde, si l'eau manque

---

[1] Le soufre, le bitume, le pétrole, les hydrogènes carbonés, sont
aussi rangés parmi les combustibles minéraux. Le pétrole, l'huile
de pierre, est un combustible liquide. On connaît l'exploitation importante qui s'en fait depuis quelques années aux Etats-Unis (fig. 15).
Les hydrogènes carbonés sont des combustibles gazeux : on en rencontre en abondance au milieu même des gîtes de pétrole.

[2] Les autres pierres sont surtout les pierres précieuses ou les
gemmes.

Fig. 15. — Les gîtes de pétrole de Tar-Farm (Pensylvanie, États-Unis).

à la surface, va chercher sous le sol, comme elle fait pour le charbon. L'eau jaillit en nappes artésiennes, qui fécondent les champs, arrosent et alimentent les villes, où elles distribuent aussi le calorique, quand elles viennent de lieux assez profonds ; enfin les mêmes nappes servent de force motrice aux usines.

Là ne se bornent pas les services que nous rendent les eaux souterraines. On connaît, en médecine, l'heureux emploi des eaux minérales.

Les gaz naturels, ramenés par la sonde des entrailles du sol, apportent avec eux la chaleur et de plus la lumière, comme on le voit dans quelques pays, notamment en Chine. Ils peuvent encore contenir des substances particulières, dont l'industrie a su tirer parti ; tels sont les soufflards d'acide borique en Toscane.

Je ne veux pas m'étendre ici tout au long sur l'étude des terres et des sels, des liquides et des gaz naturels. Mais je ne puis passer sous silence quelques exploitations intéressantes, qui comptent elles-mêmes parmi les merveilles du monde souterrain. Qui n'a entendu parler, par exemple, des salines de Bochnia et de Wielliczka, en Gallicie ? qui ne connaît les soufflards ou fumeroles d'acide borique en Toscane ?

On a tout dit sur ces curieuses salines de Wielliczka et de Bochnia (fig. 16), tout, même plus que la vérité. On a parlé de familles de mineurs qui

y vivaient souterrainement depuis des siècles, qui
y naissaient, qui y mouraient; de maisons, d'églises,
d'hôtels, que renfermait cette ville des ombres;
de sources d'eau douce qui y coulaient à côté des
sources salées ; enfin, on avait vu, dans ces profonds abîmes, jusqu'à un *moulin à vent*. Tout cela
était autant de *humbugs*, de *canards*, comme nous
les appelons, dignes d'un Barnum. Il n'en est pas
moins vrai que ces riches salines sont encore les
plus intéressantes du monde. On dit qu'il y a inté-
rieurement des canaux pour le transport du sel,
comme ceux que nous avons cités pour le transport
du charbon dans les houillères anglaises et prussiennes. On y a aussi taillé dans le sel massif des
statues, des chapelles. A plusieurs reprises, les
princes d'Allemagne sont allés visiter ces curieux
gîtes, et l'on y a donné en leur honneur des fêtes,
des bals, et jusqu'à des feux d'artifice. C'est là la
vérité, et la part est encore assez belle.

Si maintenant nous voulons baisser d'un ton,
nous parlerons des salines de Toscane, que nous
avons, il y a peu d'années, visitées.

Les salines de Val-di-Cecina sont la propriété de
la couronne depuis le temps des Médicis. La construction de l'usine actuelle date de Pierre-Léopold,
le célèbre réformateur, qui eut la gloire d'intro-
duire sans secousse dans le grand-duché les amé-
liorations et les progrès auxquels nous ne sommes
arrivés en France que par la révolution de 1789.

Fig. 16. — Les mines de sel de Bochnia (Carpathes).

L'usine, successivement agrandie par les successeur de Pierre-Léopold et par le dernier grand-duc, comprenait, quand je la visitai (1857), quatre immenses chaudières de concentration et deux chaudières de cristallisation. Le tout était disposé sous de vastes toitures et au milieu d'un grandiose établissement. La quantité de sel obtenue était, me dit-on, de 12,000 kilogrammes par jour. Les cristaux sont d'un blanc de neige, parfaitement secs, et on les cite avec raison comme les plus beaux et les plus purs qu'on puisse voir. Je n'en connais de comparables que ceux qui proviennent des célèbres salines de Norwich, en Angleterre.

Les eaux d'où l'on retire les cristaux de Val-di-Cecina, traversent des couches d'argiles salifères qu'on appelle les *moje*, et qui sont situées sous le sol, à d'assez grandes profondeurs.

On amène ces eaux au jour avec la sonde, comme on fait pour les puits artésiens. Les gîtes sont à quelque distance de l'usine.

Des canaux en bois, grossièrement établis, conduisent les dissolutions salines dans un grand réservoir; de là elles passent dans les évaporateurs et enfin dans les cristallisoirs, où le produit se dépose.

Les argiles qui contiennent le sel le renferment d'ordinaire à l'état microscopique, et il est probable qu'elles doivent leur composition particulière à des eaux salées au milieu desquelles elles se seront déposées à l'époque de leur formation géologique.

Tout le sel que nous consommons ne vient pas des mers actuelles, et dans l'est de la France on rencontre, surtout dans la Meurthe, des gîtes analogues à ceux de la Toscane.

Il n'y a pas en Italie que des gîtes de sel gemme. Puisque nous traitons des sels minéraux en général, nous pouvons aussi parler de l'alun, si important à la Tolfa près de Rome, si grandement exploité encore en Toscane, à Montioni dans la Maremme.

Les carrières sont très-anciennes ; pendant tout le moyen âge, elles ont été activement fouillées. Elles appartenaient, ainsi que beaucoup d'autres, à la république voisine de Massa Marittima, qui vendait l'alun à Florence. On l'y employait comme mordant pour la teinture dans le travail de la laine, *l'arte della lana*, comme on le nommait. C'est ce travail qui contribua surtout au renom de cette grande cité, et qui fut la principale source des richesses de ses illustres marchands.

Sous les grands-ducs de la maison de Médicis, les carrières de Montioni continuèrent d'être exploitées ; mais l'industrie et la fortune des Florentins avaient disparu avec la liberté. Néanmoins Cosme Ier fit travailler activement sur les alunières de la Toscane, non-seulement celles de Montioni, mais encore celles de Campiglia. Il avait même confié la direction de celles-ci à un maître-ouvrier qu'il fit venir expressément de la Tolfa. Les carrières de la Tolfa

étaient alors et sont aujourd'hui encore les plus
réputées de l'Italie. On en exporte les produits dans
le monde entier ; cependant l'extraction a bien
diminué depuis que d'autres agents chimiques, notamment les sulfates de zinc et d'alumine, sont
venus remplacer en partie l'alun comme mordant
pour fixer les couleurs.

C'est à la princesse Élisa Bacciochi, un moment
grande-duchesse de Toscane sous Napoléon, et à
un Français, M. Porte, qui l'avait accompagnée dans
sa principauté de Piombino, qu'est due la reprise
active des travaux de Montioni. Depuis cette époque,
ils n'ont plus été interrompus. Ils sont très-curieux
à visiter. Le sol, tout autour des exploitations, présente une apparence volcanique due à d'anciennes
sources thermales, alcalines et sulfureuses, qui
ont sillonnés la surface, et aussi à des émanations
gazeuses qui se sont fait jour à travers les fissures des roches environnantes. Il est resté comme
témoin de ce phénomène géologique, qui s'est produit à une époque antédiluvienne, une source sul-
fureuse chaude où l'on a établi des bains pour les
habitants de la localité.

L'action des eaux et des gaz dont j'ai parlé a été
de modifier profondément la nature des terrains
qu'ils ont traversés, et de transformer en alunites ou
pierres d'alun les schistes alumineux de Montioni:
Aussi le relief du sol, aux points où la roche est à
nu, se présente-t-il à l'œil du géologue dans un état

de *métarmorphisme* prononcé. On dirait un terrain
volcanique et non plus un terrain de sédiment. Les
lignes mêmes qui délimitent les assises des roches
neptuniennes ne sont plus apparentes, et l'exploitation des carrières se fait sans aucune méthode.
On frappe au hasard, et c'est à l'aspect de l'alunite
que l'on juge du plus ou du moins de richesse du
minerai. Ce mode d'exploiter a fini par produire
sur certains points des vides énormes, effrayants,
et qui parfois cependant se soutiennent d'eux-mêmes.
Ils communiquent d'ailleurs naturellement avec la
surface, et l'on descend au fond de ces immenses
cavernes soit par une corde enroulée sur un treuil,
soit par des escaliers qui font le tour de l'excavation,
et qui sont-taillés dans le roc. On n'a ménagé aucun appui, et il est bon, si l'on veut s'aventurer sur
ces marches, de n'être pas sujet au vertige.

Le directeur que le grand-duc Léopold avait installé à Montioni, quand je visitai ces carrières, se
piquait de progrès. Malgré la vive opposition du
reggio consultore, ou conseiller royal, une façon
d'ingénieur allemand, que le grand-duc, ami
des Autrichiens, avait fait venir de Freyberg,
il avait renoncé en partie au système barbare
d'exploitation que je viens de décrire, et travaillé, comme un vrai mineur, au moyen de puits
et de galeries. Il n'était pas alors sur les lieux,
et faisait l'*estatura*, c'est-à-dire prenait ses va-
cances d'été, comme tous les employés du grand-

duc, à l'époque des fièvres de Maremme. Mais un jour que, passant près des alunières, je me détournais de ma route pour aller le voir, il fut fier de me montrer lui-même ses travaux. Il avait enfin trouvé un homme à qui développer ses idées. J'étais un peu du métier comme lui, et il m'accompagna dans sa plus belle galerie. Il avait préalablement donné ses ordres. Le pertuis, tracé en ligne droite, comme un tunnel de chemin de fer et avec des dimensions presque aussi considérables, était tout illuminé aux chandelles, ni plus ni moins que pour une visite du prince grand-ducal, Son Altesse Impériale et Royale, comme l'appelait le directeur, et qui, malgré tous ses titres, allait bientôt, pour la seconde et dernière fois, abandonner sa chère Toscane. Il fallut entrer dans cette galerie encore tout suant d'une longue course que nous venions de faire sur les carrières de la surface. Le directeur, pour jouir plus tôt de son triomphe, ne m'accorda aucun répit. Par politesse et en ma qualité de mineur, je n'osais faire aucune observation. J'entrai donc bravement dans le tunnel, au risque d'y prendre la fièvre en passant subitement et tout en transpiration de l'air chaud du dehors à l'air glacial du souterrain. La fièvre des maremmes vous guette ainsi au passage, en traîtresse, et prend son homme à l'improviste, à la moindre imprudence, l'épargnant rarement.

Le tunnel était resplendissant de clarté et mon conducteur rayonnait de joie. Bientôt nous arrivâ-

mes par un assez long détour, où nos lampes nous
éclairèrent seules, au pied d'une immense excavation. On y avait établi les chantiers d'abattage. Les
mineurs avaient été prévenus, et trois coups de
mine partirent à la fois, faisant voler la roche en
éclats; mais les précautions avaient été mal prises:
l'air, subitement refoulé dans les galeries, alla sortir
par le tunnel, ou il renversa toutes nos chandelles;
nos lampes elles-mêmes s'éteignirent, et nous ne
pûmes songer à reprendre le chemin par où nous
étions venus. Nous fîmes contre mauvaise fortune
bon cœur en adoptant la voie la plus courte, sinon
la plus commode. Suspendus au câble du puits,
nous allâmes sortir au pied du treuil devant les ouvriers étonnés. Mon guide ne soufflait mot. Il avait
peine à digérer sa mésaventure; il était furieux
d'un si triste dénoûment, après un si beau début.
Cependant, il commença peu à peu à se dérider, et
m'accompagna devant les fours où l'on calcine la
pierre et qui sont semblables aux fours à chaux. De
là nous passâmes aux chaudières de dissolution et
de concentration, puis l'atelier de cristallisation
nous fut ouvert. Je pus y admirer à mon aise l'é-
trange phénomène en vertu duquel les cristaux d'a-
lun se rassemblent en grappes autour d'un obstacle
quelconque, un fil ou un bâton, jeté dans les tonneaux où sont amenées les solutions. Je passai enfin
aux magasins où les cristaux sont séchés et mis
en caisse. Le directeur m'y montra avec orgueil ses

produits d'une blancheur et d'une netteté remarquables ; il me vanta sa marchandise, à la fabrication de laquelle il avait certainement contribué
pour une bonne part ; il me dit qu'il en faisait
pour 150,000 kilogrammes chaque année et m'as-
sura, en forme de péroraison, que son alun était
plus estimé dans le commerce et se vendait mieux
que celui de Rome. Je n'engageai là-dessus aucune discussion, par motif d'incompétence et parce
qu'aussi l'heure du dîner était venue. J'allai parta-
ger le repas de famille que m'offrit l'excellent directeur, et dans l'après-midi de cette journée si
bien remplie, je quittai Montioni le cœur content et
l'esprit satisfait.

Puisqu'il s'agit des richesses souterraines de Toscane, je ne veux pas laisser ce pays sans parler de
ces fameux *soffioni* ou jets naturels de vapeur
renfermant l'acide borique, auxquels j'ai déjà fait
allusion. Après avoir parlé des sels, je terminerai
par l'étude de cet intéressant phénomène ce que
j'avais à dire des gaz minéraux.

Ces jets de vapeur d'une haute température, ces
soffioni, sortent de terre avec fracas, et sont aujourd'hui exploités pour l'acide borique qu'ils renferment. Autour des points où ces phénomènes volcaniques se présentent, le sol est complétement
dénudé, impropre à toute culture, car il offre un
degré de chaleur très-élevé. Le terrain est fissuré,
et l'on voit par moments s'échapper des ces fentes

des fumées plus ou moins visibles, s'arrêtant à la surface du sol quand le temps est humide. C'est à ces signes réunis ou isolés que l'on reconnaît la présence des soffioni ou des fumeroles, comme on les appelle aussi.

Sur les points où les vapeurs sont plus abondantes et sur ceux où elles sont exploitées, la forme du terrain affecte celle d'un cratère. En outre la roche est profondément modifiée par les dégagements de vapeur et de gaz; elle se désagrége et tombe en poussière. On y retrouve, entre autres substances, de l'alun et des cristaux de soufre, utilisés dans les temps moyens, aujourd'hui négligés. Toute l'attention des industriels s'est concentrée sur l'acide borique, dont l'extraction est d'un très-grand profit et le placement toujours assuré. Ce corps est mécaniquement entraîné par les gaz des soffioni, et se trouve mêlé à la vapeur d'eau qui s'y rencontre en très-grande abondance. Parmi les autres gaz, il faut citer surtout l'hydrogène sulfuré, reconnaissable à son odeur d'œufs pourris. Il est remarquable que ce gaz n'exerce aucune influence délétère sur la santé des travailleurs. On s'en explique mieux l'action sur les vignobles avoisinants, qu'il a préservés de l'oïdium.

La découverte de l'acide borique a eu lieu pour la première fois dans les soffioni de Monte Rotondo (Maremme toscane). Elle ne date que de la fin du siècle dernier. Jusqu'alors les fumeroles étaient

citées comme un phénomène naturel des plus curieux, mais sans portée industrielle.

Lucrèce, qui les mentionne, était loin de se douter
de l'importance que ces fumées auraient un jour.
Il fallait du reste la chimie moderne pour arriver
à la découverte de la matière si utile qu'elles renferment. L'acide borique dut se trahir à l'analyse
du pharmacien grand-ducal Hœffer par la propriété
spécifique qu'il possède de colorer en vert la flamme
de l'alcool.

Cette découverte, dans les soffioni de Toscane,
eut lieu en 1777, et c'est, je le répète, sur ceux
de Monte Rotondo qu'elle fut faite.

Dès que la présence de cette substance fut con-
statée on essaya de l'extraire en faisant passer les
vapeurs à travers de l'eau où elles abandonnaient l'a-
cide borique, qui entrait en dissolution. Les bassins
construits à cet effet, et nommés *lagoni*, petits lacs,
étaient étagés, et l'on opérait successivement de
l'un à l'autre pour arriver à la concentration des
eaux acides. Le célèbre naturaliste Mascagni, qui
commença ces essais, eut l'idée de se servir de la
chaleur naturelle des eaux chauffées par les fumeroles comme d'une espèce de bain-marie pour éva-
porer les lessives. Les tentatives ne réussirent
pas.

Vers 1816, un marchand français de Livourne,
M. Larderel, eut l'idée de reprendre ces épreu-
ves et une société se forma. Trois fabriques furent

montées, dont une à Monte Rotondo. Comme les eaux chauffées par les fumeroles ne possédaient pas un pouvoir calorifique suffisant pour l'évaporation des lessives, on se servit de bois ; mais le combustible est cher en Toscane, et il fallut, vers 1827, renoncer à ces nouvelles tentatives.

Les actionnaires étaient profondément découragés. M. Larderel seul, faisant preuve d'une foi et d'une énergie peu communes, prit sur lui de mener cette affaire à bonne fin et dédommagea ses associés. Le succès couronna ses longs efforts ; il emprisonna les vapeurs des soffioni et les conduisit sous les chaudières de dissolution. Comme au point d'émergence quelques-unes de ces vapeurs ont la température de l'eau bouillante, on conçoit que désormais l'évaporation des lessives et la cristallisation de l'acide borique se firent pour ainsi dire sans frais. Aussi la production alla-t-elle toujours croissant, et M. Larderel possédait-il, dans les années 1857-58, quand je visitai la Maremme à plusieurs reprises, jusqu'à dix établissements qui fabriquaient ensemble par année plus de 1,200,000 kilogrammes d'acide borique.

Les bénéfices s'élevaient à plus d'un demi-million de francs. La société anglaise qui achetait à M. Larderel tous ses produits, et qui l'avait lié par un traité dont il n'a pas vu lui-même la fin, réalisait, dit-on, un gain encore plus élevé.

L'acide borique récolté en Toscane se présente

en petites paillettes cristallines d'un blanc jaunâtre. On l'emploie pour obtenir l'émail dans les fabriques de faïence et de porcelaine, notamment dans les fameuses usines du Staffordshire en Angleterre.

Il sert aussi à produire le borax ou borate de soude dont se servent les bijoutiers pour fondre l'or et l'argent, et les serruriers pour *braser*, c'est-à-dire souder au laiton les petites pièces de fer.

Enfin le borax s'emploie comme *fondant* dans les laboratoires et la petite métallurgie.

Je ne me contentai pas de visiter à Monte Rotondo l'établissement de M. Larderel. J'allai voir aussi celui de M. Durval, un autre industriel français, heureux rival de M. Larderel. L'établissement de M. Durval est installé non plus auprès du village, mais dans la plaine qui s'étend au pied de la montagne où est perché Monte Rotondo[1]. C'est là qu'est un lac sulfureux digne confrère de l'Arverne. Ses eaux ont une apparence savonneuse jaunâtre, et de distance en distance, au bouillonnement qui se produit à la surface, on devine les soffioni du fond.

Un petit bateau, échoué sur les rives fangeuses et couvertes de joncs, me permit de me promener sur l'eau. Le sol se relevait, à partir des bords du lac, de façon à imiter un cratère dont celui-ci au-

---

[1] Ne pas confondre avec le Monte Rotondo des Romagnes, qui a eu un moment de célébrité lors de la dernière campagne de Garibaldi contre Rome, à la fin de 1867.

rait été le fond. Le paysage aux environs n'avait rien de bien gracieux, et la barque sur laquelle j'étais monté me rappelait l'esquif de Caron. Quand j'eus fini mon excursion, le nautonier qui m'avait passé ne vint pas me demander mon obole, et ce ne fut qu'à ce signe que je m'aperçus que je n'étais point aux bords du Styx.

Aux alentours du lac, les soffioni faisaient un effrayant vacarme. M. Durval avait eu depuis quelques années l'heureuse idée d'aller chercher en profondeur, au moyen de la sonde, les fumées souterraines. Il fut dès lors prouvé que des *veines* de vapeurs parcouraient le sous-sol de ces localités, comme on rencontre des veines d'eau sous d'autres points.

Quand les ouvriers atteignaient le *soffione*, les vapeurs s'échappaient brusquement par l'issue qui leur était ouverte. Arrivant à la surface avec grand fracas, elles projetaient à des hauteurs considérables les pierres et les boues arrachées aux parois du trou de sonde. Tous ces débris retombaient ensuite sur le sol au grand effroi des sondeurs, qui se garaient du mieux qu'ils pouvaient. C'était en petit l'image d'ue éruption volcanique, moins la flamme, ou, si l'on veut, l'incandescence. Un de ces puits, ouvert l'année précédente, avait amené au jour un soffione d'une puissance telle qu'on entendait de plusieurs lieues à la ronde le sifflement de la vapeur ; on eût dit une dizaine de locomotives gémis-

Fig. 17. — La localité de Monte Cerboli en 1818, avant la création de l'industrie boracique.

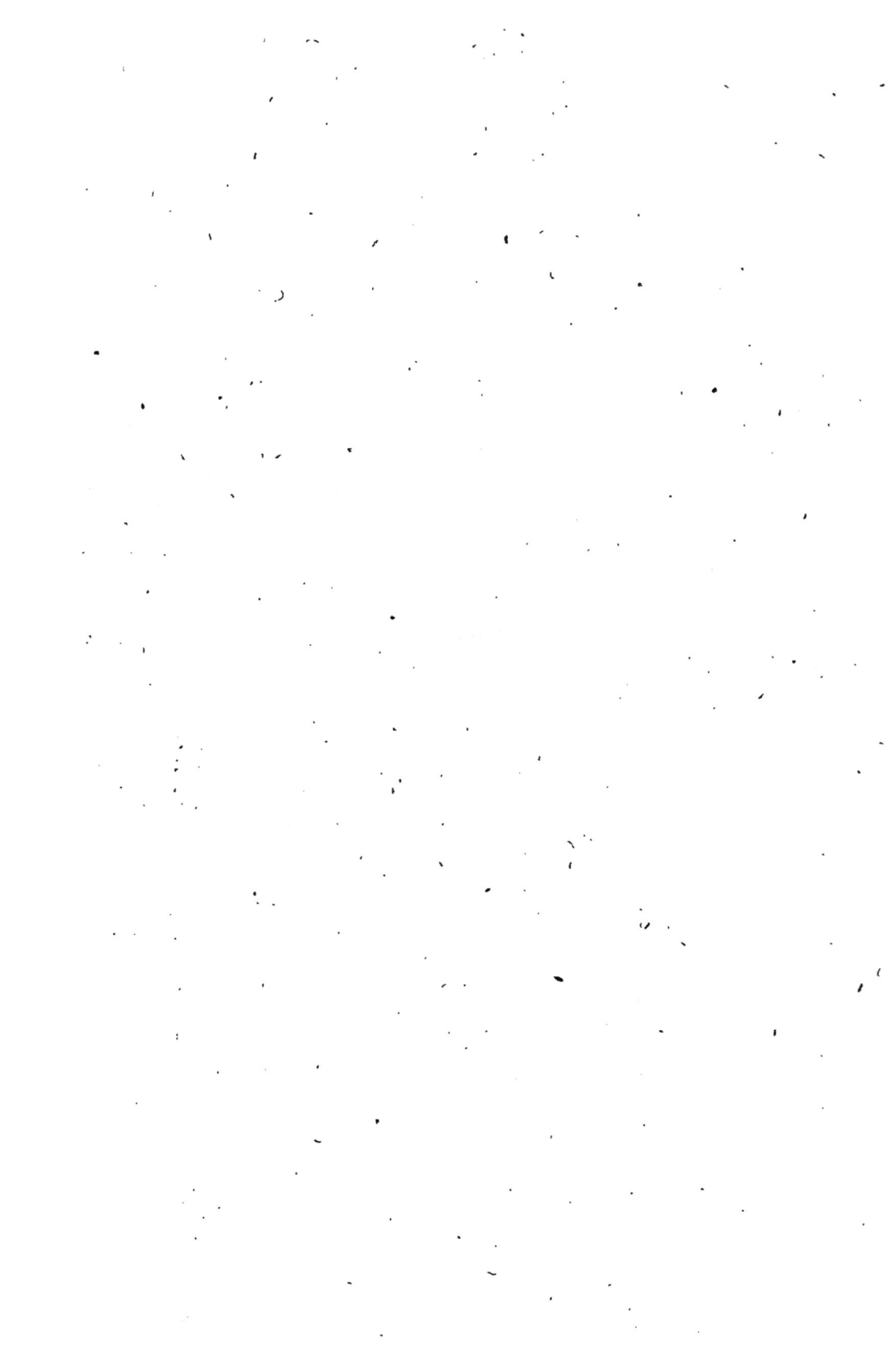

sant à la fois. Le jet était si fort qu'on ne put l'emprisonner pour le conduire sous les chaudières. Il fallut se résigner à boucher et à condamner le trou.

Si les fumeroles ne contenaient pas de gaz attaquant les métaux, comme l'hydrogène sulfuré, on voit qu'il y aurait en eux, dans certains cas, outre le calorique disponible, un réservoir de force mécanique que l'on pourrait utiliser. C'est de la même façon que les Chinois font des trous de sonde pour retirer du sol le gaz d'éclairage, et qu'on a creusé récemment aux États-Unis, dans les États d'Ohio et de Pensylvanie, par exemple, des puits pour l'extraction de l'huile minérale et des hydrogènes carbonés. On emploie également à l'éclairage et au chauffage local ces derniers gaz de la *Pétrolie*.

La profondeur à laquelle on rencontre les vapeurs des soffioni n'est pas assez considérable pour en expliquer la haute température. On sait que la chaleur augmente d'un degré centigrade par 30 ou 35 mètres de descente sous le sol, et partant ce n'est qu'à environ 3000 mètres qu'on trouve la température de l'eau bouillante, soit 100 degrés. Or les sondages de Monte Rotondo n'atteignent jamais 100 mètres. Il est donc problable que les soffioni viennent d'un foyer inférieur, ou que leur température est empruntée à des phénomènes électriques et chimiques que nous ne pouvons qu'entrevoir.

Désireux d'aller visiter les divers établissements

de M. Larderel pour étudier dans son ensemble cet
étrange phénomène des fumeroles chargées d'acide
borique, que jusqu'à ces derniers temps la Toscane
seule présentait et qui ne s'est depuis retrouvé qu'en
Californie, je pris congé des aimables hôtes de
Monte Rotondo, qui m'avaient piloté sur les soufflards. L'un était le signor Tomi, honorable habitant de l'endroit; les deux autres, M. Durval lui-
même et son ingénieur, M. Meil, également un
compatriote. Ils voulaient à toute force me retenir,
mais la science l'emporta sur l'amitié.

Tout le long du chemin, jusqu'à l'établissement
central de Monte Cerboli, appelé en l'honneur de
son fondateur du nom de *Larderello*, on traverse
une série de soffioni. De loin en loin se présentent
des fabriques, notamment à Sasso, Lustignano, Ser-
razzano ; puis viennent Castelnuovo et Monte Cerboli ; ces deux derniers sur le bord de la route.

L'aspect si particulier de ces fabriques, les dômes
en maçonnerie recouvrant les soffioni emprisonnés,
les canaux quelquefois suspendus en l'air, qui conduisent les fumées sous les chaudières ; en d'autres
points, les bassins étagés ou les anciens lagoni,
enfin les ateliers en plein vent où s'évaporent et se
cristallisent les eaux, les étuves où l'on sèche l'acide
et au milieu des usines une odeur pénétrante de
gaz sulfhydrique et des tourbillons de vapeur d'eau
à aveugler une armée de visiteurs, tout cet étrange
spectacle m'eût comblé d'étonnement, si je n'avais

Fig. 18. — La localité de Monte Cerboli (Larderello) en 1858, après la création de l'industrie boracique.

pas été déjà initié, dans ma visite à Monte Rotonde,
aux différents détails de cette curieuse industrie.

De l'étude géologique générale à laquelle je me
livrai dans cette excursion, il résulte que tous les
suffioni sont disposés suivant une ligne qui court
sensiblement du sud-sud-est au nord-nord-ouest,
et autour de laquelle ils oscillent.

La formation de ces fumeroles se relie au soulèvement de la chaîne métallifère qui traverse la Maremme toscane dans cette direction, et à l'apparition
de masses éruptives, telles que les serpentines et
autres roches vertes, qui ont produit ce soulèvement.

Ces roches ont ouvert dans le sol des fissures par
où les soffioni, partant d'un foyer souterrain commun, se sont fait jour à la surface.

L'établissement de Larderello, où je m'arrêtai
assez longtemps, est une sorte d'usine centrale que
le fondateur a entourée de toute sa sollicitude.

C'est la fabrique préférée, et Larderello est devenu un petit village d'ouvriers qui possède sa place,
sa statue et sa fontaine, qui a son curé, son médecin
et son pharmacien.

Les travailleurs de l'établissement et les pauvres
gens des lieux circonvoisins reçoivent gratuitement
les soins du docteur et les médicaments ; mais
M. Larderel n'a pas seulement songé pour tout ce
monde au salut de l'âme et du corps, il a pensé à
celui de l'esprit, et il a établi dans la petite ville
qu'il a baptisée et fondée un asile pour les enfants

et une école de musique. Il a fait aussi construire des ateliers de tissage pour les veuves et les sœurs des ouvriers. Enfin une sorte de caisse d'épargne qui distribue des pensions aux veuves, aux vieillards, aux orphelins de la fabrique, fonctionne régulièrement à Larderello. Toutes les autres usines, d'ailleurs, sont aussi paternellement administrées.

M. Larderel, que la mort est venue frapper récemment, était l'artisan de sa propre fortune, le créateur de la grande industrie de l'acide borique, l'une des plus curieuses de l'Europe.

Avant lui, le borate de soude se tirait à grands frais de l'Inde et de l'Égypte. Le subit abaissement des prix a été dû à la fabrication toscane, et les prix eussent été encore moindres sans les traités qui liaient M. Larderel. Dans tous les cas, grâce à cette industrie, un pays auparavant sauvage, désolé, désert, s'est transformé en un pays prospère, animé, peuplé (fig. 17 et 18). En échange d'un peu de fumée qui auparavant se perdait dans l'air, la fabrication de l'acide borique a procuré à la Toscane une entrée en numéraire de plus de 1,500,000 francs chaque année; je dis à la Toscane, car M. Larderel, non content de faire vivre les nombreux ouvriers de ses fabriques, dépensait largement tout ce qu'il gagnait, et il a englouti des millions tant dans son palais de Livourne que dans ses vastes propriétés de Pomarance.

A Larderello, qu'il a fondé et qu'il se plaisait à

embellir, ce qui attire tout d'abord les yeux, c'est la gracieuse place qu'il a justement décorée du nom de *place de l'Industrie.*

D'un côté est le laboratoire de chimie, le musée de minéralogie, la pharmacie, la philharmonique ou école de musique, l'école des garçons et des filles, l'atelier de tissage pour les femmes. Au milieu est l'église, dont le curé joint à ses fonctions celles de maître d'école. Puis vient l'hôpital, auquel est attaché un médecin. Sur le dernier côté de la place s'élève le palais dont M. Larderel avait fait sa résidence.

Il ne manquait rien à cette splendide habitation, pas même un théâtre, où les ouvriers venaient jouer. L'habile et honnête industriel qui faisait un si noble emploi de sa fortune avait reçu successivement de tous les princes de l'Europe les récompenses qu'il méritait. Le grand-duc l'avait le premier décoré, anobli. Le comte de Larderel de Monte-Cerboli, reconnaissant envers les lagoni, source de ses grandes richesses, avait pris pour armes un soffione s'échappant du sol comme la fumée d'un cratère.

Ces armes parlantes, ce blason d'un nouveau genre, lui avaient valu de la part des jaloux et des mauvais plaisants le nom d'*il conte Fumo ;* mais il laissait dire, et, se reportant au temps peu éloigné où il débitait encore à Livourne des fusils et des soieries de Saint-Étienne, il était fier de ses rapides succès et des honneurs qui lui arrivaient.

Il prenait soin d'étaler ses décorations, et j'ai vu

à Monte Cerboli, dans une salle à côté du laboratoire de l'usine, au milieu d'un magnifique cadre doré, toutes les croix et tous les rubans de ce monde. Le contre-maître de la fabrique conduisait religieusement le visiteur dans cette salle, après lui avoir montré les lagoni ; c'était comme le bouquet de la fin. Disons tout de suite que M. Larderel avait comme industriel de grandes qualités qui rachetaient ce petit excès d'amour-propre ; on n'arrive pas sans quelque talent à la haute fortune où il était parvenu.

VIII

LES HOUILLÈRES FRANÇAISES.

Principaux bassins houillers de France. — Parallèle avec les nations rivales. — Ensemble d'une mine de houille. — Historique de nos principales houillères. — Production de la houille en France. — Importation, exportation. — Répartition de la consommation par départements et par nature d'établissements industriels. — Variétés de houille exploitées. — Causes de la prééminence industrielle de l'Angleterre et de la Belgique. — Nombre d'ouvriers employés ; qualités physiques et morales du houilleur. — Les ouvriers et les compagnies, caisses de secours. — Le traité de commerce et les houillères.

Quand on jette un coup d'œil sur la carte géologique de France, cet admirable monument élevé par nos ingénieurs des mines à l'industrie nationale, on remarque au nord, au centre et au midi, et surtout disséminées autour d'une ligne méridienne qui passe environ à 100 kilomètres à droite de celle de Paris, une série de taches noires irrégulièrement délimitées.

Ces taches, à la teinte conventionelle, sont

l'exacte réprésentation graphique de nos bassins houillers.

Si nous lisons les noms gravés en regard, nous y retrouverons plus d'une localité connue et depuis longtemps parmi nous populaire.

Ce sont, dans le Midi, Alais, la Grand-Combe et Bességes; au centre, Saint-Étienne et Rive-de-Gier, les plus productives de nos houillères; puis Blanzy, le Creuzot et Épinac; au nord enfin, Valenciennes, où se rencontrent les mines de Denain et d'Anzin, marchant de pair avec celles de la Loire, et formant le prolongement du riche bassin de Liége, Namur, Charleroi et Mons, qui fait la fortune de la Belgique.

A gauche 'des bassins précités s'en trouvent d'autres presque aussi importants : Aubin dans l'Aveyron, Commentry dans l'Allier; puis çà et là des gîtes qui tiennent encore une assez large place dans notre production houillère : les bassins d'Aix dans les Bouches-du-Rhône, de Carmaux dans le Tarn, de Brassac dans le Puy-de-Dôme et la Haute-Loire, de Decize dans la Nièvre, de Graissessac dans l'Hérault, de Ronchamp dans la Haute-Saône, du Drac dans l'Isère. N'oublions pas non plus les bassins du Maine et de la basse Loire, enfin celui de la Sarre dans la Moselle, où vient finir souterrainement le fertile bassin de Sarrebruck, dont s'enorgueillissent à juste titre la Bavière et la Prusse rhénanes.

Tous ces gîtes, avec quelques autres beaucoup plus modestes et qui n'ont qu'une importance purement locale, tels que Littry dans le Calvados, Vouvant dans la Vendée, Fins dans l'Allier, Ahun dans la Creuse, Bouxwiller dans le Bas-Rhin, etc., etc., composent le bilan de nos bassins houillers.

Ces bassins, on le voit, sont fort irrégulièrement répartis sur notre territoire ; ils n'ont qu'une faible étendue relative, on le devine par leur nombre même, et ils ne sauraient être comparés en aucune façon à ces inépuisables gîtes dont la nature a doté quelques pays privilégiés, la Belgique, l'Angleterre, la Prusse et surtout l'Amérique du Nord.

Là-bas, tous les avantages réunis se rencontrent : les nombre et l'épaisseur des couches de combustible, le peu de profondeur de ces couches au-dessous du sol, l'étendue superficielle des gîtes partout beauboup plus considérable qu'en France, excepté en Belgique; la facilité d'extraction et des transports, la certitude de débouchés presque indéfinis, l'absence de toute entrave administrative.

Chez nous tous les inconvénients contraires pèsent sur cette industrie, et cependant, tant est grande l'activité et la souplesse de l'esprit national, tant le besoin et l'intérêt créent de ressources et permettent de surmonter d'obstacles, que nous n'avons rien à redouter, pour l'exploitation économique ou technique de nos mines de houille, d'un parallèle avec les nations rivales. Le faits ont même démontré que, pour l'excellence et l'ingéniosité des méthodes, la priorité nous était acquise. C'est là une assertion désormais hors de doute, à laquelle ont suffisamment répondu des enquêtes privées ou officielles conduites en dehors de tout esprit de parti.

Celui qui n'est jamais descendu dans une houillère s'est-il quelquefois demandé tout ce que le mineur devait déployer de patience, de courage et d'intelligence pour résister victorieusement à tous les éléments conjurés contre lui? Aux eaux qui font de tous côtés irruption, il sait opposer des pompes gigantesques mues par la vapeur, d'une force qui atteint jusqu'à six et huit cents chevaux ; ou bien des galeries d'écoulement, énormes drains, d'une longueur qui dépasse en quelques circonstances celle de nos plus longs tunnels, 5 et 6 kilomètres. Ces galeries, comme on le voit dans quelques mines anglaises, sont parfois transformées en véritables canaux, et servent ainsi au transport souterrain de la houille en même temps qu'à l'épuisement des eaux (fig. 5, au frontispice).

Aux éboulements qui le menacent de tous côtés, le mineur résiste par des boisages ou des muraillements savamment établis ; aux gaz inflammables et explosifs, il oppose le treillis métallique de la lampe de Davy ; aux incendies spontanés qui s'allument au milieu du charbon, des barrages qui limitent le feu ; aux amas d'eau, aux lacs souterrains, des digues

qui les arrêtent ; enfin, au manque d'air respirable
ou à la présence de gaz pernicieux, dans le dédale
inextricable où il s'enfonce et circule, le houilleur
répond par les machines soufflantes les plus variées
et les plus ingénieuses.

Pour tirer d'un puits vertical le plus de charbon
possible à la fois, et satisfaire dans un temps donné
à toutes les demandes des consommateurs, il a imaginé les engins les plus curieux, les mieux disposés,
installé les plus fortes machines, si bien qu'aujour-
d'hui il n'est pas rare de voir sortir d'une seule
fosse jusqu'à mille tonnes de houille par vingt-
quatre heures, soit un million de kilogrammes !

A mesure que les travaux gagnent en profondeur,
le temps que mettent les hommes à descendre et à
remonter a été heureusement diminué au moyen de
machines à double oscillation, véritables échelles
mouvantes, dites *waroquères*, *fahrkunst* ou *men en-
gines*, portant les hommes jusque dans les chantiers
les plus bas, et les ramenant au dehors sans la
moindre peine. Ainsi ont disparu les anémies si fré-
quentes chez les mineurs qui descendaient et re-
montaient chaque jour par des échelles fixes de
400 mètres et plus de hauteur, dignes d'être com-
parées à l'échelle de Jacob.

Incessants sont les progrès réalisés par l'industrie houillère. N'est-ce pas à elle que nous devons
les premières machines à vapeur et les premiers
chemins de fer ? Pourquoi faut-il que, dans la plu-

part des cas, les travaux de nos mineurs demeurent obscurs et inconnus, et que nos mineurs eux-mêmes, ces braves et infatigables soldats des souterrains, non moins patients et courageux que leurs confrères de l'armée, n'attirent l'attention du public que lorsqu'un lamentable accident vient épouvanter toute une population et jeter des centaines de familles dans le deuil !

L'historique de nos principales houillères ne saurait être passé sous silence, car il est fécond en enseignements. Nous devons faire remarquer d'abord, d'une manière générale, que sur la plupart des bassins carbonifères les couches de combustible semblent avoir été connues de tout temps. Elles affleurent à la surface du sol, dans les champs, aux flancs des collines, et sur les talus des tranchées ouvertes pour donner passage aux routes. Les Romains eux-mêmes ont mis à nu quelques-unes de ces couches de houille dans l'exécution de leurs grands travaux hydrauliques. Ainsi ce fait s'est présenté dans la Loire, près de Rive-de-Gier, et dans le Var, non loin de Fréjus ; mais les maîtres du monde ne paraissent pas avoir vu dans le charbon minéral autre chose qu'une pierre noire, s'allumant au feu, et y dégageant une odeur bitumineuse.

Pendant le moyen âge, c'est au plus si quelques forgerons daignent recourir à ce combustible ; les foyers domestiques eux-mêmes répugnent à l'employer. Le moment n'est pas encore venu du déboi-

sement des forêts et de la transformation radicale
que les sociétés subiront par l'avénement de l'industrie. Mais, dès l'aurore du dix-neuvième siècle,
un essor sans égal est donné tout à coup aux exploitations houillères. La modification profonde que les
procédés anglais, si vite adoptés chez nous, apportent alors dans la fabrication du fer, en substituant
la houille au charbon de bois, est la principale cause
du développement subit imprimé aux mines de
charbon. L'introduction du combustible minéral
dans la fabrication du verre, des glaces, de la porcelaine, des briques, de la chaux et du ciment ; l'u-
sage jusqu'ici exclusif qu'on en fait pour la préparation du gaz d'éclairage, en même temps qu'il est
d'un emploi presque absolu dans le chauffage des
machines à vapeur : machines fixes, machines de
bateau, machines locomotives ou locomobiles ; enfin
le transport rapide et économique par chemins de
fer et l'adoption de la houille dans tous les foyers
des usines et jusque dans les foyers domestiques,
tout cet ensemble de circonstances, agissant presque simultanément, concourt aussi à donner à l'exploitation de nos houillères une impulsion de plus
en plus féconde. Le chiffre de l'extraction a depuis
été sans cesse croissant, et l'on ne sait où il s'ar-
rêtera en France comme dans tous les autres pays
industriels.

Si des phénomènes généraux nous descendons
aux cas particuliers, nous trouvons partout une

preuve saisissante des miracles opérés par l'industrie houillère et des changements heureux qu'elle
apporte avec elle dans tout pays où elle s'introduit.
On peut dire qu'elle transforme, régénère et crée.
Quelquefois les champs souffrent de son voisinage,
mais elle fait tant de bien pour un peu de mal qu'elle
cause ! Au commencement du dix-septième siècle,
Saint-Étienne n'était qu'une bourgade habitée par
quelques centaines d'ouvriers, experts dans l'art de
forger les armes et les outils. Deux siècles après, la
ville renferme à peine 20,000 habitants, bien qu'à
la fabrication des armes se soit jointe celle de la
grosse quincaillerie et le tissage des rubans. Mais à
peine les houillères de cet intéressant district se dé-
veloppent-elles par la fabrication du fer à l'anglaise,
que la ville voit augmenter de plus en plus sa population. Le chiffre en dépasse aujourd'hui 100,000 habitants, au point que l'État, faisant enfin justice à
des demandes réitérées, a dû transférer en 1855 le
chef-lieu du département de la Loire de Montbrison
à Saint-Étienne.

Il y a deux siècles, quand Saint-Étienne n'était
encore qu'un modeste village, Rive-de-Gier et Givors n'existaient pas ; aujourd'hui ce sont des villes
importantes. Saint-Chamond n'était célèbre que
par son immense château fort, relevant des comtes
de Forez ; le château est maintenant en ruines,
mais à ses pieds s'élève une ville, que la production et le commerce du charbon, encore plus que

la fabrication des lacets de soie, ont rendue populeuse et prospère.

Les houillères de la Loire ont été pour la France, comme l'a fort bien remarqué M. A. Burat, le berceau de tous les genres d'usines sidérurgiques qui produisent les matières premières : hauts fourneaux, forges, aciéries, et de toutes celles qui amènent ces matières premières aux façons les plus complexes, les plus délicates, telles que les armes de toutes natures, les pièces de taillanderie, serrurerie, quincaillerie, etc.

Il est bon d'ajouter que c'est encore aux houillères du département de la Loire que nous devons les deux premiers chemins de fer qui se soient faits en France : celui de Saint-Étienne au pont d'Andrézieux sur la Loire, concédé en 1823, qui fut tracé comme une route ordinaire avec des pentes très-fortes et desservi par des chevaux ; et celui de Saint-Étienne à Lyon, concédé en 1826, qui fut notre premier chemin de fer à locomotives.

On pensait encore si peu, à cette époque, au transport des personnes sur les railways, que ces deux chemins de fer ne furent établis qu'en vue du mouvement des houilles. On ignorait alors que le plus productif des colis serait le voyageur, et quand on parlait dans les chambres, en 1834, d'établir des chemins de fer rayonnant de Paris sur la province, un ministre, converti depuis, allait jusqu'à prétendre qu'on en ferait bien quatre à cinq lieues par an, et que ces voies nouvelles ne seraient bonnes qu'à divertir les badauds de la capitale accourus au passage de la locomotive.

Quelle animation, quelle vie dans ce bassin houiller de la Loire, région naguère agricole, aujourd'hui presque entièrement industrielle! Quand on va de Lyon à Saint-Étienne par le chemin de fer qui, côtoyant le Rhône jusqu'à Givors, remonte ensuite la belle vallée du Gier aux collines boisées et verdoyantes, on ne tarde pas d'arriver dans les districts des mines de houille. Cette région commence, à proprement parler, à Rive-de-Gier. A partir de ce point, ce ne sont que puits de mine ouverts dans la campagne, et dont les *chevalements*, charpentes aux formes massives, étranges, soutiennent les *molettes*, énormes poulies de fonte sur lesquelles passe le câble. A celui-ci sont attachées les *bennes*, sortes de cuves ou tonneaux qui montent et descendent dans les puits, et versent le charbon à l'orifice. Sur des installations plus perfectionnées, on remarque les puits *guidés*, où les bennes, étagées les unes au-dessus des autres, glissent le long de deux tiges fixes parallèles à l'axe du puits, où le câble plat, souvent en fil d'aloès ou en fil de fer, remplace le traditionnel câble rond en chanvre ; où la *bobine*, sur laquelle s'enroule le câble, tient si avantageusement lieu de l'antique tambour, où enfin l'emploi judicieux du *parachute* prévient les effets du décrochage des tonnes circulant dans les puits, et annule tout accident pour les hommes ou le matériel.

A côté des puits d'extraction sont les halles de triage, de mesurage et de dépôt, autour desquelles vont et viennent les ouvriers du dehors; puis les appareils de lavage destinés à débarrasser le combustible de ses dernières impuretés; les ateliers où l'on comprime les *menus* en rondins ou briquettes, enfin la longue ligne des fours à coke où l'on carbonise la houille, et dont les feux, la nuit, brillant en divers points de l'horizon, feraient croire qu'on traverse une contrée volcanique aux fumeroles enflammées.

. Les villes sur le parcours, Rive-de-Gier, Saint-Chamond, sont loin d'offrir un aspect agréable à l'œil. Ici le touriste n'a que faire, tout est livré à l'industrie du houilleur. Les rues sont pleines d'une boue noire et épaisse, les façades des maisons sont noircies par la fumée et la poussière du charbon. Cette poussière pénétrante ne respecte rien; les feuilles des arbres, le linge, le visage de l'homme, elle salit et noircit tout, et le bourg de *Terre-Noire*, que l'en rencontre en chemin, porte dignement son nom.

Aux abords des gares et des centres de population, se pressent les lourds véhicules pesamment chargés, charrettes ou wagons. Souvent le chemin de fer lui-même traverse la rue, où les rails, par droit, de conquête s'alignent sur la chaussée. Les cheminées des usines envoient dans l'air leur pa-

nache de flamme et de fumée, le bruit métallique
du marteau et des laminoirs résonne de tous côtés;
les fictions de l'antiquité ont pris un corps : on dirait les pays des Cyclopes. C'est le pays de nos houilleurs, ouvriers pleins d'énergie, rompus à la fatigue,
froids, disciplinés, comme si la continuelle habitude du danger et la pratique journalière de la vie
souterraine donnaient naturellement à l'homme
toutes ces qualités solides, sans lesquelles il n'est
point de bon-mineur. Voyez-les passer le soir, au
sortir du puits ou de la *fendue*, la lampe à la main,
la démarche alourdie par leur dur travail, la face
noircie, les habits et le chapeau couverts de bouc.
Ils rentrent dans leurs familles, calmes, silencieux;
voyez-les passer, et saluez en eux les obscurs et
courageux soldats de l'industrie.

Le spectacle offert par le bassin houiller de la
Loire est le même sur tous les bassins français, le
même aussi en Belgique, en Angleterre et jusque
dans l'Amérique du Nord. Partout l'industrie
houillère affecte un caractère d'uniformité très-frap-
pant. Ainsi, le bassin de Valenciennes, autour de
Denain et d'Anzin, présente le même tableau que
le bassin de Saint-Étienne autour de Rive-de-Gier
et de Saint-Chamond. Mais si de nouvelles descrip-
tions ne prêteraient qu'à des redites, que d'enseignement encore dans l'historique de nos mines
du Nord ! Que de patience, de courage et d'argent
ont été nécessaires, unis à tant d'intelligence, pour

doter la France de cet inépuisable gisement, qui à lui seul fournit plus du quart de notre production totale! Ici le bassin est entièrement souterrain, rien ne le révèle aux regards, et il a fallu toute une perspicacité de géologue, alors que la géologie était encore à naître, pour arriver à la découverte du gîte.

En 1716, un Belge, le vicomte Désandrouin, ayant remarqué que les couches du terrain houiller de Belgique suivaient une direction constante, allant de l'est à l'ouest, et pénétraient dans le Hainaut français sous les terrains de craie, eut l'idée de traverser ces terrains par des puits, et de rechercher la houille au-dessus. En moins de quatre ans ses recherches furent couronnées de succès ; mais des nappes d'eau très-abondantes inondèrent les travaux, et il fallut inventer pour les combattre ces merveilleux blindages en bois qu'on a nommés des cuvelages. C'est là aussi que fut pour la première fois appliquée en France la machine à vapeur qui venait d'être découverte sur les mines d'Angleterre par Savery et Newcomen. Du reste, on ne rencontra d'abord que des houilles maigres, de mauvaise qualité, et ce ne fut qu'en 1734, après dix-huit années d'efforts continus, et de difficultés sans nombre à la fin heureusement surmontées, que les recherches aboutirent entièrement. Il était temps, les mines d'Anzin étaient trouvées, mais le vicomte Désandrouin et ses courageux associés y avaient dépensé presque toute leur fortune.

Il est inutile de s'appesantir sur les diverses pé-
ripéties par lesquelles dut passer encore cette exploitation, avant de devenir la brillante affaire que
chacun connaît. C'est le propre de presque toutes
les entreprises de ce genre, de ne récompenser que
la deuxième et souvent la troisième génération de
mineurs qui s'attachent à les poursuivre. Disons
seulement que, dans ces dernières années, des recherches analogues à celles que le vicomte Désandrouin avait le premier commencées autour de Valenciennes ont été reprises au voisinage de Douai,
continuées dans le Pas-de-Calais, vers Lens et Bé-
thune, que là encore le succès est venu couronner
de longs et courageux efforts, et que cette réus-
site a été la source, pour tous nos départements du Nord, de fortunes subites, inespé-
rées, et d'une prospérité industrielle presque sans
limites.

L'historique des bassins houillers de Saône-et-
Loire, du Gard et de l'Aveyron, rapellent par quelques points celui des bassins de Valenciennes et
de Saint-Étienne.

Partout ce n'a été qu'après les plus persistantes
recherches, les plus patients efforts, que les mineurs
sont arrivés à leurs fins.

Dans le bassin de Saône-et-Loire, nous trouvons
le Creuzot, vallée triste et inhabitée il y a un siècle,
aujourd'hui centre industriel des plus actifs, où
l'extraction et le transport de la houille et du mi-

nerai de fer, la fabrication de la fonte, du fer, de l'acier, la construction des machines, occupent au delà de 10,000 ouvriers. L'établissement industriel du Creuzot est l'heureux rival des établissements les plus fameux en ce genre dans le monde. La Belgique, l'Angleterre, les États-Unis, n'ont rien à lui opposer qui vaille mieux. La date d'une situation si florissante est nouvelle. Ce n'est qu'à partir de 1837, et grâce à l'habile direction de MM. Schneider, que les industries du Creuzot ont commencé à donner de fructueux résultats.

Dans le Gard, la prospérité des houillères d'Alais et de la Grand-Combe est de date tout aussi récente : elle n'a véritablement commencé que le jour où un chemin de fer a relié ces gisements au Rhône en 1840. Alais, qui jusque-là n'avait marqué dans l'histoire de nos provinces du Midi que par les guerres religieuses et le commerce de la soie, est devenue depuis une ville essentiellement industrielle, où les vieilles querelles entre catholiques et protestants se sont assoupies, où l'importance des magnaneries a peu à peu disparu devant celle des usines métallurgiques.

Bességes, Portes et Sénéchas, n'ont pas tardé à suivre la voie d'Alais et de la Grand-Combe, et aujourd'hui le département du Gard, naguère presque oublié, est classé parmi les départements les plus intéressants de France, ceux où l'industrie minérale a fait les plus grands progrès. Ainsi le Gard vient en troisième ligne dans notre production houillère, ne se laissant devancer que par les départements de la Loire et du Nord, qui marchent tous les deux en tête, contribuant chacun pour plus du quart au chiffre de l'extraction totale.

Le bassin d'Aubin, dans l'Aveyron, ne compte également dans l'industrie nationale que depuis une trentaine d'années. Decazeville doit son origine à un ministre de la Restauration, et ce n'est que depuis 1826, époque où furent commencées les fonderies et les forges à l'anglaise qui viennent d'être si heureusement réactivées, que les mines de houille de l'Aveyron reçurent leur premier développement. Dans ces mines on eut aussi l'avantage immédiat de rencontrer en plus grande abondance qu'à Saint-Étienne et au Creuzot ce fer carbonaté lithoïde, dit, minerai des houillères, si répandu dans les mines anglaises, dont il n'a pas peu contribué à assurer l'étonnante fortune.

Partout il a fallu au début, pour favoriser l'extraction de la houille, s'attacher à en consommer sur place la plus grande quantité. Les usines sidérurgiques qui, pour un poids donné de fer, consomment jusqu'à cinq fois le même poids de houille, sont celles que l'on a d'abord érigées dans le voisinage des mines de charbon.

Ainsi se sont fondés les grands établissements de Terre-Noire, Saint-Chamond, Givors, le Creuzot,

Alais, Decazeville, Commentry, Denain, Anzin et tant d'autres.

Des verreries, des cristalleries, des fabriques de glaces se sont également établies autour des plus importantes houillères.

Enfin, dans certaines localités, comme dans les mines de la basse Loire et celles de Sarthe et Mayenne (bassin du Maine), on a employé à fabriquer de la chaux, pour l'amendement des terres siliceuses de ces contrées, un charbon d'un écoulement difficile.

Tout le secret de la bonne exploitation des houillères est là : quand la qualité du combustible ne se prête pas à un transport lointain, ou que les voies de transport elles-mêmes sont défectueuses, il s'agit de transformer la houille en une autre matière : fer, produit de verreries, chaux, etc., d'un placement immédiat ou du moins plus facile et plus assuré.

La quantité totale de houille produite par toutes nos mines était, en 1868, de 13 millions de tonnes métriques (la tonne étant de 1,000 kilogrammes).

Cette quantité n'est encore que le huitième de celle produite par l'Angleterre ; elle est égale à celle que fournit la Belgique, et à la moitié de ce que donnent annuellement les États-Unis et la Prusse, chacun séparément.

La superficie houillère de la France est de 300,000 hectares; celle de la Prusse est à peu près

égale; celle de la Belgique moitié moindre. La surface des bassins houillers des Iles-Britanniques est
quintuple, et celle des États-Unis centuple de celle
des bassins français; mais on comprend que, pour
une foule de raisons, la production d'un bassin
houiller ne soit pas en rapport avec la superficie
qu'il occupe. C'est le volume, le mode de gisement
et la qualité d'un combustible qui règlent surtout
le chiffre de l'extraction. D'immenses superficies
houillères peuvent ne renfermer qu'un combustible peu abondant, très-profond et de fort mauvaise qualité; quelquefois même pas du tout de
houille, mais seulement les grès et les schistes du
terrain carbonifère.

La quantité de houille exploitée en France est
allée toujours en augmentant, et l'on s'est assuré,
par la comparaison d'états statistiques soigneu-
sement dressés depuis 1815, c'est-à-dire depuis
l'époque où la grande industrie s'est établie chez
nous, que le chiffre de notre production houillère
a été en doublant environ tous les qninze ans,

On peut suivre dans le tableau suivant la loi de
cette progression :

Années.	Chiffres de l'extraction en tonnes de 1,000 kilogrammes.
1815	950,000
1830	1,800,000
1843	5,700,000
1859	7,500,000
1867	12,800,000

Comme rien. n'indique que la loi de cette progression doive jamais se démentir, il est probable, que toutes nos houillères seront épuisées assez promptement, c'est-à-dire dans deux ou trois siècles.

Si l'on tient à savoir comment se répartit exactement la production de la France par bassins houillers, il faut remonter à l'année 1864, dernière date officiellement connue par les résumé des travaux statistiques de l'administration des mines. La production était alors de près de 11 millions de tonnes métriques en nombre rond. Dans ce chiffre, le bassin de la Loire et celui de Valenciennes entraient chacun pour plus de 3 millions de tonnes, celuis d'Alais pour plus de 1 million, celui de Creuzot, Blanzy et Epinac, et celui de Montluçon et Commentry, chacun pour près de 800,000, celui d'Aubin pour plus de 500,000; les bassins d'Aix, de Ronchamp, du Maine et de la basse Loire chacun pour un peu plus de 200,000. Enfin, une soixantaine d'autres bassins, véritables lambeaux houillers, disséminés un peu partout à la surface de notre territoire, apportaient un contingent de près de 1 million de tonnes dans notre production nationale.

Malgré l'étonnante ascension à laquelle il obéit, le chiffre de notre production houillère est loin d'égaler celui de notre consommation, qui marche dans une progression encore plus rapide. Nous tirons chaque année de l'étranger pour près de 6 millions de tonnes de houille ; c'est la moitié de notre production actuelle ou le tiers de notre consommation totale. La Belgique, la Grande-Bretagne et les provinces Rhénanes suppléent à notre déficit, la première pour les trois cinquièmes, les deux autres chacune pour un cinquième à peu près.

En présence d'une importation si considérable, on comprend que le chiffre de notre exportation soit insignifiant.

Il ne dépasse guère 200,000 tonnes, soit un peu plus du soixantième de la production. Les bassins qui prennent part à ce trafic sont ceux du Nord, de la Haute-Saône, de l'Isère, de la Loire, du Gard, et les points vers lesquels se dirige l'exportation sont les pays limitrophes de nos frontières du Nord, de l'Est, et les contrées baignées par la Méditerranée.

En cherchant comment se répartit la consommation de la houille en France, on trouve d'abord, et c'est d'un heureux présage, que tous nos départements font usage du combustible minéral ; ce sont d'ailleurs les départements du Nord, de la Seine, de la Loire, de la Moselle, du Pas-de-Calais, du Gard et du Rhône qui occupent les premiers rangs.

Le Nord seul, en 1864, a brûlé pour plus de 2 millions et demi de tonnes de houille, le septième de la consommation générale de la France. Dans la même année, le département de la Seine en a consommé pour près de 2 millions ; celui de la Loire, 1,200,000 tonnes ; celui de la Moselle, 1 million ; le

Rhône, 900,000 ; le Pas-de-Calais, 700,000 ; le Gard, à peu près autant.

A la suite des sept départements qui consomment à eux seuls plus de la moitié de la houille produite ou importée en France, viennent les départements de l'Aisne, de l'Allier, de l'Aveyron, des Bouches-du-Rhône, de Saône-et-Loire et de la Seine-Inférieure dont la consommation variait, en 1864, de 400 à 650,000 tonnes. Quant aux départements placés au dernier degré dans l'échelle de la consommation houillère, ce sont le Gers et la Corse, dont les besoins n'ont pas réclamé, à l'époque qui nous occupe, plus de 600 tonnes. La cause de cette infériorité n'est que relative ; elle n'est pas due, comme on pourrait peut-être le croire, à l'absence de toute industrie locale, mais bien à l'éloignement des houillères et à la difficulté des transports.

Dans tous les cas, que les temps sont loin où la Sorbonne, au seizième siècle, excommuniait, pour cause de vapeurs malignes et sulfureuses, les charbons que les mines belges et anglaises essayaient d'envoyer à Paris, et où une ordonnance royale défendait aux maréchaux, sous peine de prison et d'amende, d'employer dans leurs ateliers le charbon de pierre ou de terre !

Au siècle suivant l'interdit fut levé, mais la classe bourgeoise, excitée sans doute per les médecins, se refusa, avec une sorte de parti pris, à l'emploi de la houille dans les foyers domestiques.

Sur la fin du siècle dernier, malgré la rareté et la cherté du bois devenue presque partout générale, cet état de choses durait encore. On accusait le charbon de vicier l'air, d'occasionner des maladies de poitrine, de noircir le linge jusque dans les armoires, et d'altérer, crime irrémissible, la fraicheur des visages féminins. Aussi, jamais nos houillères ne seraient arrivées au point de prospérité et de développement qu'elles ont atteint, si elles n'avaient eu pour stimulant la fabrication du fer à l'anglaise, les consommations des ateliers industriels et des machines à vapeur.

Quand on étudie, en effet, comment se répartit la consommation de la houille en France d'après les établissements qui font usage du combustible minéral, on reconnaît qu'en première ligne se présentent les fonderies métallurgiques, les usines, les fabriques, les manufactures, qui réclament à peu près les deux tiers du chiffre de la consommation totale ; en seconde ligne vient le chauffage des établissements publics et des habitations pour le sixième environ de ce chiffre ; puis les chemins de fer et la navigation pour le neuvième ; enfin l'industrie des mines, minières et carrières pour le trentième seulement.

Toutes les variétés de charbon minéral se retrouvent dans les bassins français. Ce sont, en commençant par les charbons de formation géologique la plus ancienne, les *anthracites*, houilles sèches,

brûlant sans flamme comme le coke, et composées
presque entièrement de carbone ; les *houilles dures*,
ne contenant guère plus de matières gazeuses que
les précédentes et bonnes comme elles pour les
fours à cuve, là où il faut une grande chaleur et pas
de flamme ; les *houilles collantes* ou *maréchales*, re-
cherchées pour les feux de forge et la maréchale-
rie ; les *houilles grasses*, les meilleures pour la fabrication du gaz et du coke ; les *houilles maigres*,
excellentes pour les fours à grille, parce qu'elles
donnent une longue flamme et ne collent pas ; enfin
les *lignites*, dont quelques variétés, les seules industrielles, se rapprochent des houilles maigres ;
d'autres rappellent le bois, *lignum*, carbonisé ou
desséché.

En calcinant, dans un creuset couvert, ces diverses variétés de combustible, on arrive au tableau
suivant pour la moyenne des résultats obtenus :

	Résidu fixe. (Carbone et cendres)	Matières volatiles (Eau, bitume, gaz.)
Anthracites	90	10
Houilles dures. . .	80	20
Houilles collantes .	70	30
Houilles grasses . .	65	35
Houilles maigres. .	55	45
Lignites.	45	55

Un simple essai, que l'on peut faire partout, permet donc de classer immédiatement un combustible
et de déterminer son emploi. Au reste, l'aspect d'une

houille suffit pour la nommer presque à première vue. Les anthracites et les houilles dures ont une apparence de *pierre* et ne tachent pas les doigts. Les houilles collantes, grasses et maigres, les deux premières surtout, tachent les doigts, donnent beaucoup de menus, et ont une apparence de *terre*, enfin les lignites présentent d'ordinaire la structure fibreuse du *bois*.

Les variétés qui dominent dans nos exploitations sont les houilles grasses et maigres, celles dont l'industrie fait le plus grand emploi. Elles forment les sept dixièmes de la production. Sur quelques mines, par exemple celles de la Loire, la qualité est égale à celle des meilleures houilles anglaises, et c'est après la constatation officielle de ce résultat que le gouvernement s'est enfin décidé à admettre partout nos houilles dans les fournitures de la marine militaire, à l'exclusion des houilles anglaises précédemment seules adoptées.

Voici d'ailleurs comment se répartit le chiffre de notre production au point de vue de la qualité des combustibles et pour une extraction de 10 millions e tonnes, qui était celle de 1865 :

	Tonnes.
Anthracites.	800,000
Houilles dures . . . . . ⁊ . ⁚ . .	1,400,000
Houilles collantes.	600,000
Houilles grasses	4,000,000
Houilles maigres	3,000,000
Lignites	200,000

Le prix moyen de vente des charbons français, sur le *carreau* même des mines, oscille entre 10 et 12 francs la tonne. Il y a peu de différence pour chaque variété. Sur la plupart des lieux de consommation le prix est souvent triple et quadruple de ce qu'il est sur les mines, tant le coût des transports vient augmenter la valeur du combustible. Sur quelques autre points le combustible acquiert une valeur telle (60 francs la tonne et au delà) que l'emploi en devient presque impossible.

Ce fait est sans exemple en Belgique et dans toute la Grande-Bretagne. Il donne la raison de la prééminence industrielle de ces deux pays, en démontrant clairement combien ils sont plus favorisés que le nôtre, non pas seulement au point de vue de la géologie houillère, mais encore pour la facilité des transports. En Angleterre, en Belgique, les canaux, les chemins de fer, les routes se croisent en tous sens, couvrent le pays d'un immense réseau, qui resserre encore ses mailles aux abords des mines et des usines. L'Angleterre joint à tant d'avantages le développement de ses côtes, le long desquelles s'alignent les ports et les gîtes houillers, de telle façon qu'il n'est pas rare de voir le même wagon qui sort de la mine venir se vider dans les bateaux.

Le nombre des ouvriers employés sur nos mines de houille atteint à près de 100,000, et le salaire moyen de la journée de travail est de plus de 3 francs. Cette population est bonne, intelligente.

bien disciplinée. Naguère il était rare qu'elle se mit en grève. Habitué à la vie souterraine, le mineur des houillères est d'ordinaire sobre, calme, patient. Le travail des mines, contrairement à ce qu'en pense le vulgaire, n'a rien qui rappelle le travail de l'esclave; il exerce à la fois les qualités morales et physiques de l'ouvrier.

Au moral, le mineur s'habitue à l'exactitude, à l'obéissance; son intelligence est sans cesse en jeu dans la poursuite de l'œuvre à laquelle il prend part, tandis que le labeur quotidien développe toutes ses facultés corporelles. Ceux de nos houilleurs qui ont commencé jeunes le métier, plus encore que les paysans de nos campagnes, offrent de véritables types athlétiques.

L'intempérance est une vice assez rare dans cette classe de travailleurs; le mineur rentre chez lui fatigué et s'endort. S'il fréquente le café, le cabaret, ce sont les jours de paye seulement, c'est-à-dire chaque quinzaine ou chaque mois, quelquefois aussi le dimanche, enfin le grand jour de Sainte-Barbe, la patronne des mineurs, aussi bien que des canonniers et des marins.

Les diverses compagnies houillères veillent avec une sollicitude toute paternelle sur le sort de leurs ouvriers. Des caisses de secours ont été partout établies. Les compagnies y contribuent par des dons et les ouvriers par une faible retenue sur leur salaire quotidien, ou par le produit des amendes auxquelles donné lieu l'infraction aux règlements en vigueur sur chaque mine. Ces caisses de secours qui fonctionnent, on peut le dire, sous la surveillance des mineurs eux-mêmes, ont permis d'accorder gratuitement à l'ouvrier malade les soins du médecin et les remèdes ; en outre, une rétribution journalière qui est moyennement d'un franc. Quand des blessures nécessitent une amputation grave, ne permettant plus aucun travail, l'ouvrier voit cette pension se continuer sa vie durant. S'il meurt dans un accident de mine, la compagnie prend soin de ses enfants, et fait également une pension à sa veuve. Enfin, on n'oublie pas non plus les ouvriers âgés ou infirmes.

Le sollicitude des exploitants pour des hommes sans cesse exposés, sans cesse en péril, ne s'est pas bornée là. Dans la plupart des cas, les compagnies ont également songé aux soins de l'âme et de l'esprit. Elles ont fait bâtir à leurs frais des églises, et ont ouvert des écoles, qu'elles ont dotées de cours gratuits pour les enfants et les adultes des deux sexes. Les compagnies ont ainsi répondu dignement à leur mission. Le travail vient d'en bas, la lumière et l'aide d'en haut. Des secours si noblement distribués n'ont rien qui dégrade celui qui les reçoit. C'est de cette seule façon qu'à notre époque doit s'exercer la bienfaisance, par une sorte de patronage déguisé ; pas d'aumône, mais la protection la plus large, la plus libérale, l'instruction surtout, voilà ce qu'il faut garantir à l'ouvrier.

Si, descendant maintenant du côté social et humanitaire de la question, nous abordons les considérations économiques, nous y verrons qu'au point de vue de l'exploitation en général comme au point de vue des travaillenrs, la France a lieu d'être satisfaite de la position qu'elle occupe dans l'industrie houillère. En 1860, les adversaires du traité de commerce avec l'Angleterre nous avaient menacés d'une complète invasion des houilles étrangères. Leurs prédictions ne se sont pas réalisées. Quoique la France, par ses frontières du Nord, soit ouverte aux houilles de la Belgique, par celles de l'Est, aux houilles des provinces Rhénanes ; par ses rivages enfin aux houilles britanniques, on a vu que nos mines ont toujours fourni pour une part plus large à la consommation intérieure. En même temps, la prospérité industrielle du pays est allée toujours grandissant. Cette prospérité, que l'on peut mathématiquement mesurer par la consommation de la houille, a décuplé en 40 ans : en 1857, le France consommait dix fois plus de charbon qu'en 1817. Ainsi, tandis que notre production double environ tous les 15 ans, notre consommation suit une voie bièn plus rapide, signe évident d'un essor industriel des plus remarquables.

Et si notre production n'a jamais marché au niveau de la consommation, la faute en est d'abord à la géologie, car nos mines de houilles sont loin d'être aussi favorablement situées et aussi largement dotées par la nature que les mines belges, prussiennes et anglaises; la faute en est ensuite au gouvernement qui, par une très-mauvaise interprétation de la loi qui régit les mines, accable les exploitants d'entraves; il ne fait peut-être pas non plus tout ce qu'il doit pour faciliter les transports à la surface du pays.

Sans l'achèvement de nos voies ferrées, non pas seulement des grands réseaux, mais des lignes de deuxième et de troisième ordre, ce qu'on nomme aujourd'hui les chemins de fer départementaux; sans l'amélioration de nos voies navigables, fleuves, rivières ou canaux, sur lesquels il faut supprimer aussi tous les droits de péage; sans la création de chemins vicinaux, reliant les mines perdues aux centres les plus voisins de consommation, enfin sans l'abaissement des tarifs sur toutes les voies de transport, et la diminution et même l'abolition de quelques droits d'octroi portés à des taux excessifs, une partie de notre richesse houillère restera toujours inexploitée.

Le rêve de beaucoup d'économistes, d'équilibrer notre consommation par notre production, ne sera ainsi jamais réalisé. Il est vrai que l'on est bien revenu aujourd'hui sur la portée que l'on attribuait autrefois à ces sortes de balances, car, si la France reçoit du charbon de l'étranger, elle lui adresse autre chose en échange.

N'oublions pas toutefois que, dans ces dernières

années, la houille a été déclarée contrebande de guerre, et que, par conséquent, il peut y avoir intérêt pour nous, à un moment donné, à suffire de ce côté à tous nos besoins.

Si jamais une guerre européenne nous privait de l'appoint en combustible que nous tirons de l'étranger, non pas pour l'approvisionnement de notre flotte militaire, aujourd'hui partout alimentée par les houilles indigènes, mais pour celui de l'industrie privée, espérons que la France, dans un de ces élans énergiques dont elle a déjà donné tant de preuves, saurait tout à coup faire marcher de pair sa production avec sa consommation houillère.

C'est ainsi que, lors des grandes guerres de la république, elle a su tirer à la fois de son sol le plomb qu'elle n'exploitait plus; le salpêtre qu'elle n'avait jamais fabriqué en grand ; la soude, dont le beau procédé de Leblanc dota le pays d'une industrie nouvelle, et fit à jamais disparaître le monopole des *barilles* espagnoles.

A quelque école économique que l'on appartienne, on ne peut s'empêcher de faire des vœux pour que la production houillère de la France continue à suivre sa voie ascendante, et arrive enfin, s'il est possible, à équilibrer la consommation.

La houille, n'est-ce pas l'âme de toutes nos machines, de presque tous nos navires, de tous nos chemins de fer?

N'est-ce pas elle qui éclaire nos villes, qui est l'agent réducteur de tous les métaux, elle enfin qui fournit le calorique à tous les foyers, ceux de nos maisons aussi bien que ceux des plus grandes usines?

N'est-ce pas de la houille enfin que l'on a retiré dans ces derniers temps pour la teinture les plus vives et les plus solides couleurs?

A la fois lumière, chaleur, force, la houille est devenue la base de la prospérité et de l'importance des États.

Quelle serait en Europe la situation politique de la France, si la nature lui avait refusé le combustible minéral qu'elle a départi avec une si grande générosité à tant d'autres pays?

FIN.

TABLE DES CARTES

TABLE DES FIGURES

TABLE DES MATIÈRES

PARIS — IMP. SIMON RAÇON ET COMP., RUE D'ERFURTH, 1.

www.ingramcontent.com/pod-product-compliance
Lightning Source LLC
Chambersburg PA
CBHW060342200326
41519CB00011BA/2012